DAXUE WULI SHIYAN

大学物理实验

（第3版）

● 主编 何玉平 ● 副主编 王叶安 聂招秀

中国科学技术大学出版社

内 容 简 介

本书包括绪论、基本仪器和基本测量、基础物理实验、综合性实验、设计性实验、近代物理实验等六章.实验项目针对不同层次、不同专业的学生进行了系统的安排，突出对学生实践能力的训练和创新思维、创新方法、创新能力的培养.

本书可作为高等院校理工科大学物理实验课的教材或参考书.

图书在版编目(CIP)数据

大学物理实验/何玉平主编.—3 版.—合肥：中国科学技术大学出版社,2020.1
(2023.1重印)
ISBN 978-7-312-04850-0

Ⅰ.大⋯ Ⅱ.何⋯ Ⅲ.物理学—实验—高等学校—教材 Ⅳ.O4-33

中国版本图书馆 CIP 数据核字(2019)第 295162 号

出版	中国科学技术大学出版社
	安徽省合肥市金寨路 96 号,230026
	http://press.ustc.edu.cn
	https://zgkxjsdxcbs.tmall.com
印刷	合肥市宏基印刷有限公司
发行	中国科学技术大学出版社
经销	全国新华书店
开本	710 mm×1000 mm 1/16
印张	14.75
字数	306 千
版次	2009 年 7 月第 1 版 2019 年 12 月第 3 版
印次	2023 年 1 月第 15 次印刷
定价	37.00 元

前　言

　　本书以全国工科物理课程指导委员会制定的《高等工业学校物理实验课程教学基本要求》为指导,融合了省级实验教学示范中心建设的成果,根据高校专业设置特点和实验设备的具体情况,结合大批教师多年的教学经验,在原讲义的基础上,吸收国内同类优秀教材的精华,重新编写而成.

　　本书内容共分为六章:第一章为绪论,介绍物理实验的目的、要求和进程,数据处理的多种方法,物理实验的技巧;第二章为基本仪器和基本测量;第三章为基础物理实验;第四章为综合性实验;第五章为设计性实验;第六章为近代物理实验.

　　本书以培养学生的实践能力和创新能力为目标,根据"层次＋模块"的创新人才培养模式,突出对学生实践能力的训练和创新思维、创新方法、创新能力的培养.在内容的组织上,实验项目针对不同层次、不同专业的学生进行了系统的安排,从基础实验训练、综合应用能力训练、设计实验能力训练和科研能力训练等几个方面分层次进行;在内容的编写上,尽量做到直观、简洁、实效.本书注重实验思维的培养,引入了丰富的背景知识和翔实的实验素材,引导学生进行更深入的创新实验和科学研究.我们努力使本书达到形式上的多样性、层次上的立体性、内容上的丰富性和文字上的简洁性.

　　这次修订中,我们建设了提供配套资源的大学物理省级实验示范中心网站(http://phytest.nit.edu.cn/)和物理实验中心微信公众平台(二维码如下),读者可根据需要访问.另外,对刚体转动惯量的测定、杨氏模量的测定、液体表面张力系数的测定、牛顿环实验、迈克耳孙干涉仪的调整和使用,我们提供了实验教学视频,附在实验最后,供读者学习参考.

物理实验中心微信公众平台

第 3 版由何玉平任主编,王叶安、聂招秀任副主编,编委会委员有陈小玲、龚建民、王锋、桂卫军、邱深玉、李健文、傅雅卿、李未、刘宁、徐成勇、刘宇、胡军平、刘小莹、袁贤等,其中前言、第一章、第四章、第五章、第六章由何玉平负责编写,第二章由王叶安负责编写,第三章由聂招秀负责编写,全书由何玉平统筹校稿,编写风格由编写组共同商定.

本书可作为高等院校理工科大学物理实验课的教材和参考书.限于编者水平,书中存在不足之处在所难免,恳请同行专家与读者提出批评与建议.

编 者

2019 年 9 月

目　　录

第一章　绪　　论

第一节　物理实验课程序和实验报告的要求

大学物理实验课的完成需要经过预习、实验操作、处理数据并完成实验报告等过程.

一、预习

实验课前应认真预习,仔细阅读实验教材和相关的资料,弄清实验的研究对象,实验原理和实验方法、步骤,了解仪器的结构及调节要求.在充分预习的基础上用简洁的科学语言写好预习报告.

二、实验操作

实验课是锻炼实践能力、培养创造精神的极好机会.学生应该像科学工作者那样要求自己,井井有条地布置仪器,安全操作,细心观察实验现象.应注重实验过程,独立思考,手脑并用,提高运用理论知识和已有经验分析解决问题的能力,培养严谨、耐心、实事求是的科学态度和探索、求真的科学精神.总之,要将重点放在实验能力的培养上,而不要放在测数据上.

上实验课应带好预习报告和数据记录草稿,动手前应先了解本次实验的注意事项和仪器调试的特殊要求,在草稿上记录有关资料和仪器参数,设计好数据表.采集数据时要注意有效数字的有关规定,记录的数据应该是有效数字.对实验数据要严肃对待,原始数据必须是真实的,不允许抄袭和任意涂改.完成实验后全部数据应交给指导教师检查,教师检查无误在预习报告和记录草稿上签字后,才能切断电源,整理好实验装置,结束实验.

三、处理数据并完成实验报告

完成的实验报告应包括下列项目：

① 实验名称.

② 实验仪器. 包括主要仪器及其型号、精度等有关参数.

③ 实验目的. 简单地写明实验的目的、要求.

④ 实验原理. 用简洁的语言说明实验原理,给出基本公式并说明公式及公式中各物理量的意义,绘制重要的原理图.

⑤ 实验内容. 简明扼要地写出实验内容和重要步骤,绘制主要的线路图和光路图.

⑥ 数据处理. 按数据表的要求设计科学、合理的表格,首先将整理好的原始数据填入表格内,再根据每个实验的具体要求进行数据处理. 计算待测量要写明所用公式并代入数据. 要求作图的必须用坐标纸,要求计算不确定度的必须给出每个不确定度分量及总不确定度的计算方法、计算过程和计算结果. 最后应按要求给出完整的结果表述.

⑦ 结果分析. 认真分析、讨论本次实验的结果及问题,可以对实验中的问题和实验方法提出改进的设想和建议,也可以解答思考题.

实验报告分两次完成,实验报告的前半部分(包括实验名称、实验目的、实验原理、实验仪器、实验内容)即预习报告,应在上实验课前写好,其余部分实验课后完成.

实验课后应及时处理数据,完成报告并在规定的时间内上交. 实验报告要求清洁整齐,重点突出,语言简洁,作图制表规范,字迹端正清晰.

第二节　误差分析和数据处理

一、测量与误差

通过实验测量所得大量数据是实验的主要成果,但在实验中,由于实验设备、测量方法、周围环境、人的观察和测量程序等方面的原因,实验观测值和真值之间总存在一定的差异. 所以在整理这些数据时,首先应对实验数据的可靠性进行客观的评定.

误差分析的目的就是评定实验数据的精确度或误差,通过误差分析,可以认清误差的来源及其影响,设法排除数据中包含的无效成分,还可以进一步改进实验方案. 在实验中要注意哪些是影响实验精确度的主要方面,这对正确组织实验方法、正确评判实验结果和设计方案,从而提高实验的精确性具有重要的指导意义.

（一）测量

物理实验不仅要定性地观察物理现象,还要找出有关物理量之间的定量关系,因此就需要进行定量的测量,以取得物理量数据的表征. 对物理量进行测量,是物理实验中极其重要的一个组成部分. 对某些物理量的大小进行测定,就是将此物理量与规定的作为标准单位的同类量或可借以导出的异类物理量进行比较,得出结论,这个比较的过程就叫作测量. 例如,物体的质量可通过与规定用千克作为标准单位的标准砝码进行比较而得出测量结果;物体运动的速度则必须通过与两个不同的物理量,即长度和时间的标准单位进行比较而获得结果. 记录下来的比较的结果就叫作实验数据. 测量得到的实验数据应包含测量值的大小和单位,两者缺一不可.

国际上规定了七个物理量的单位为基本单位,其他物理量的单位则是由以上基本单位按一定的计算关系式导出的. 因此,基本单位之外的其余单位均称为导出单位. 以上提到的速度以及经常遇到的力、电压、电阻等物理量的单位都是导出单位.

测量可以分为两类. 按照测量结果获得的方法来分,可将测量分为直接测量和间接测量;而从测量条件是否相同来分,又可分为等精度测量和不等精度测量.

直接测量就是把待测量与标准量直接比较得出结果. 用米尺测量物体的长度,用天平称量物体的质量,用电流表测量电流等,都是直接测量. 间接测量就是借助函数关系由直接测量的结果计算出物理量. 已知路程和时间,根据速度、时间和路程之间的关系求出速度就是间接测量.

一个物理量能否直接测量不是绝对的. 随着科学技术的发展、测量仪器的改进,很多原来只能间接测量的量,现在可以直接测量了. 比如电能的测量本来是间接测量,现在也可以用电度表来进行直接测量了. 物理量的测量大多数是间接测量,但直接测量是一切测量的基础.

等精度测量是指在同一（相同）条件下进行的多次测量,如同一个人,用同一台仪器,每次测量时周围环境条件相同. 等精度测量每次测量的可靠程度相同. 若每次测量时的条件不同,或测量仪器改变,或测量方法改变,这样所进行的一系列测量叫作非等精度测量,非等精度测量结果的可靠程度自然也不相同. 物理实验中大多采用等精度测量. 应该指出:重复测量必须是重复进行测量的整个操作过程,而不仅仅是重复读数.

一个被测物理量,除了用数值和单位来表征它外,还有一个很重要的表征它的参数,这便是对测量结果可靠性的定量估计. 这个重要参数往往容易为人们所忽视. 如果一个测量结果的可靠性几乎为零,那么这个测量结果还有什么价值呢? 因此,从表征被测量这个意义上来说,对测量结果可靠性的定量估计与其数值和单位至少具有同等的重要意义,三者是缺一不可的.

(二)误差

1. 真值与平均值

真值是待测物理量客观存在的确定值,也称为理论值或定义值.通常真值是无法测得的.在实验中,测量的次数无限多时,根据误差的分布定律,正负误差出现的概率相等,再细致地消除系统误差,将测量值加以平均,可以获得非常接近于真值的数值.但是实际上实验测量的次数总是有限的,用有限测量值求得的平均值只能是近似真值.常用的平均值有下列几种:

(1)算术平均值

算术平均值是最常见的一种平均值.

设 $x_1, x_2, \cdots, x_n$ 为各次测量值,n 代表测量次数,则算术平均值为

$$\bar{x} = \frac{x_1 + x_2 + \cdots + x_n}{n} = \frac{1}{n} \sum_{i=1}^{n} x_i \tag{1-1}$$

(2)几何平均值

几何平均值是将一组 n 个测量值连乘并开 n 次方求得的平均值,即

$$\bar{x}_{几} = \sqrt[n]{x_1 \cdot x_2 \cdot \cdots \cdot x_n} \tag{1-2}$$

(3)均方根平均值

$$\bar{x}_{均} = \sqrt{\frac{x_1^2 + x_2^2 + \cdots + x_n^2}{n}} = \sqrt{\frac{1}{n} \sum_{i=1}^{n} x_i^2} \tag{1-3}$$

求平均值的目的是从一组测定值中找出最接近真值的那个值.在物理实验和科学研究中,数据的分布多属于正态分布,所以通常采用算术平均值.

另外,由于"绝对真值"的不可预知性,人们在长期的实践和科学研究中还总结出以下几种"相对真值".

理论真值:理论设计值、公理值、理论公式计算值.

计量约定值:国际计量大会规定的各种基本单位值、基本常数值.

标准器件值:标准器件相对低一级或两级的仪表,是后者的相对标准值.

2. 误差的分类

根据误差的性质和产生的原因,一般分为三类:

(1)系统误差

系统误差表现为在同一条件(指方法、仪器、环境、人员)下多次测量同一物理量时,结果总是向一个方向偏离,其数值按一定规律变化.系统误差的特征是具有一定的规律性.当改变实验条件时,就能发现系统误差的变化规律.

系统误差主要来源于以下几个方面:

第一为仪器误差.它是由于仪器本身具有缺陷或没有按规定条件使用仪器而造成的误差.

第二为理论误差.它是由于测量所依据的理论公式本身具有近似性,或实验条件不能达到理论公式所规定的要求而带来的误差.

第三为观测误差.它是由于观测者本人生理或心理特点造成的误差.

例如,用"落球法"测量重力加速度,由于空气阻力的影响,多次测量的结果总是偏小,这是测量方法不完善造成的误差;用停表测量运动物体通过某一段路程所需要的时间,若停表走时太快,即使测量多次,测量的时间 t 总是偏大为一个固定的数值,这是仪器不准确造成的误差;在测量过程中,若环境温度升高或降低,测量值按一定规律变化,这是由于环境因素变化引起的误差.

在任何一项实验工作和具体测量中,必须想尽一切办法,最大限度地消除或减小一切可能存在的系统误差,或者对测量结果进行修正.发现系统误差需要改变实验条件和实验方法,反复进行对比,系统误差的消除或减小是一个比较复杂的问题,没有固定不变的方法,要具体问题具体分析,各个击破.产生系统误差的原因可能不止一个,一般应找出影响的主要因素,有针对性地消除或减小系统误差.以下介绍几种常用的方法.

检定修正法:指将仪器、量具送计量部门检验取得修正值,以便对某一物理量测量后进行修正的一种方法.

替代法:指测量装置测定待测量后,在测量条件不变的情况下,用一个已知标准量替换被测量来减小系统误差的一种方法.如消除天平的两臂不等对待测量的影响可用此办法.

异号法:指对实验时在两次测量中出现的符号相反的误差,将测量结果取平均值后予以消除的一种方法.例如在外界磁场的作用下,仪表读数会产生一个附加误差,若将仪表转动 $180°$ 再进行一次测量,外磁场将对读数产生相反的影响,引起负的附加误差.两次测量结果平均,正、负误差可以抵消,从而可以减小系统误差.

产生系统误差的原因通常是可以被发现的,原则上可以通过修正、改进加以排除或减小.分析、排除和修正系统误差要求测量者有丰富的实践经验.这方面的知识和技能在我们以后的实验中会逐步地学习.

（2）随机误差

在相同的测量条件下,多次测量同一物理量时,误差时大时小、时正时负,以不可预定方式变化着的误差称为随机误差,有时也叫偶然误差.

引起随机误差的原因也有很多,与仪器的精密度和观察者的感官灵敏度有关,如无规则的温度变化、气压的起伏、电磁场的干扰和电源电压的波动等.这些因素不可控制又无法预测和消除.

当测量次数很多时,随机误差就显现出明显的规律性.实践和理论都已证明,随机误差服从一定的统计规律（正态分布）,其特点表现为:

①　单峰性．绝对值小的误差出现的概率比绝对值大的误差出现的概率大．

②　对称性．绝对值相等的正、负误差出现的概率相同．

③　有界性．绝对值很大的误差出现的概率趋于零．

④　抵偿性．误差的算术平均值随着测量次数的增加而趋于零．

因此，增加测量次数可以减小随机误差，但不能完全消除．

（3）过失误差

过失误差是由于测量者过失，如实验方法不合理、仪器用错、操作不当、读错数值或记错数据等引起的误差．过失误差是一种人为造成的误差，不属于测量误差，只要测量者采取严肃认真的态度，过失误差是可以避免的．在数据处理中要把含有过失误差的异常数据加以剔除．

3.　精度和精密度、准确度

（1）精度

反映测量结果与真实值接近程度的量，称为精度（亦称精确度）．它与误差大小相对应，测量的精度越高，测量误差就越小．精度应包括精密度和准确度两层含义．

（2）精密度

测量中所测得数值重现性的程度称为精密度．它反映偶然误差的影响程度，精密度高就表示偶然误差小．

（3）准确度

测量值对于真值的偏移程度称为准确度．它反映系统误差的影响程度，准确度高就表示系统误差小．

精度反映测量中所有系统误差和偶然误差综合的影响程度．

在一组测量中，精密度高的准确度不一定高，准确度高的精密度也不一定高，但精确度高的，则精密度和准确度都高．

为了说明精密度与准确度的区别，可用打靶子例子来说明，如图 1.1 所示．

图 1.1(a)表示精密度和准确度都很高，则精确度高；图 1.1(b)表示精密度很高，但准确度却不高；图 1.1(c)表示精密度与准确度都不高．在实际测量中没有像靶心那样明确的真值，要设法去测定这个未知的真值．

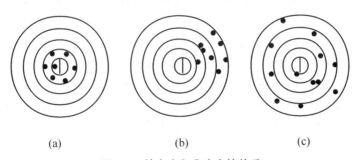

(a)　　　　　　　　(b)　　　　　　　　(c)

图 1.1　精密度和准确度的关系

学生在实验的过程中,往往满足于实验数据的重现性,而忽略了数据测量值的准确程度.绝对真值是不可知的,人们只能制定出一些国际标准作为测量仪表准确性的参考标准.随着人类认识的推移和发展,可以逐步逼近绝对真值.

4. 误差的表示方法

利用任何量具或仪器进行测量,总存在误差,测量结果总不可能准确地等于被测量的真值,而只是它的近似值.测量的质量高低以测量精确度做指标,根据测量误差的大小来估计测量的精确度.测量结果的误差愈小,则认为测量就愈精确.

(1) 绝对误差

测量值 N 与真值 N_0 之差记为

$$\Delta N = N - N_0 \tag{1-4}$$

显然误差 ΔN 有正负之分,因为它是测量值与真值的差值,常称为绝对误差.注意,绝对误差不是误差的绝对值.

(2) 相对误差

绝对误差与真值之比的百分数叫作相对误差,用 E 表示:

$$E = \frac{\Delta N}{N_0} \times 100\%$$

由于真值无法知道,所以计算相对误差时常用 N 代替 N_0.在这种情况下,N 可能是公认值,或高一级精密仪器的测量值,或测量值的平均值.相对误差用来表示测量的相对精确度.相对误差用百分数表示,保留两位有效数字.

5. 随机误差的估算

由于客观条件以及人们认识的局限性,测量不可能获得待测量的真值,只能是近似值.设某个物理量真值为 x_0,进行 n 次等精度测量,测量值分别为 $x_1, x_2, \cdots,$ x_n(测量过程无明显的系统误差),它们的误差分别为

$$\Delta x_1 = x_1 - x_0$$
$$\Delta x_2 = x_2 - x_0$$
$$\cdots$$
$$\Delta x_n = x_n - x_0$$

求和得

$$\sum_{i=1}^{n} \Delta x_i = \sum_{i=1}^{n} x_i - n x_0$$

即

$$\frac{1}{n} \sum_{i=1}^{n} \Delta x_i = \frac{1}{n} \sum_{i=1}^{n} x_i - x_0$$

当测量次数 $n \to \infty$ 时,可以证明 $\frac{1}{n} \sum_{i=1}^{n} \Delta x_i \to 0$,而且 $\frac{1}{n} \sum_{i=1}^{n} x_i = \overline{x}$ 是 x_0 的最佳估计值,称 $\overline{x}$ 为测量值的近似真实值.为了估计误差,定义测量值与近似真实值的

差值为偏差,即

$$\Delta x_i = x_i - \overline{x}$$

偏差又叫作残差.实验中真值得不到,因此误差也无法知道,而测量的偏差可以准确知道.实验误差分析中要经常计算这种偏差,用偏差来描述测量结果的精确程度.

误差理论证明,平均值的标准偏差为

$$s_x = \sigma_x = \sqrt{\frac{\sum\limits_{i=1}^{n}(x_i - \overline{x})^2}{n-1}} \quad (\text{贝塞尔公式}) \tag{1-5}$$

其意义表示某次测量值的随机误差在$-\sigma_x \sim +\sigma_x$的概率为 68.3%.

当测量次数 n 有限时,其算术平均值的标准偏差为

$$\sigma_{\overline{x}} = \frac{\sigma_x}{\sqrt{n}} = \sqrt{\frac{\sum\limits_{i=1}^{n}(x_i - \overline{x})^2}{n(n-1)}} \tag{1-6}$$

其意义是测量平均值的随机误差在$-\sigma_{\overline{x}} \sim +\sigma_{\overline{x}}$的概率为 68.3%.或者说,待测量的真值在$(\overline{x}-\sigma_{\overline{x}}) \sim (\overline{x}+\sigma_{\overline{x}})$的概率为 68.3%.因此$\sigma_{\overline{x}}$反映了平均值接近真值的程度.

(三) 异常数据的剔除

剔除测量值中异常数据的标准有几种,有 $3\sigma_x$ 准则、肖维准则、格拉布斯准则等.

1. $3\sigma_x$ 准则

统计理论表明,测量值的偏差超过 $3\sigma_x$ 的概率已小于 1%.因此,可以认为偏差超过 $3\sigma_x$ 的测量值是其他因素或过失造成的,为异常数据,应当剔除.剔除的方法是对于多次测量所得的一系列数据,算出各测量值的偏差 Δx_j 和标准偏差 σ_x,把其中最大的 Δx_j 与 $3\sigma_x$ 比较,若 $\Delta x_j > 3\sigma_x$,则认为第 j 个测量值是异常数据,舍去不计.剔除 x_j 后,对余下的各测量值重新计算偏差和标准偏差,并继续审查,直到各个偏差均小于 $3\sigma_x$ 为止.

2. 肖维准则

假定对一个物理量重复测量了 n 次,其中某一数据在这 n 次测量中出现的概率小于$\frac{1}{2n}$,则可以肯定这个数据的出现是不合理的,应当予以剔除.

根据肖维准则,应用随机误差的统计理论可以证明,在标准偏差为 σ_x 的测量列中,若某一个测量值的偏差大于或等于误差的极限值 K_σ,则此值应当剔出.不同测量次数的偏差极限值 K_σ 列于表 1.1.

表 1.1 肖维系数表

n	K_σ	n	K_σ	n	K_σ
4	1.53σ	10	1.96σ	16	2.16σ
5	1.65σ	11	2.00σ	17	2.18σ
6	1.73σ	12	2.04σ	18	2.20σ
7	1.79σ	13	2.07σ	19	2.22σ
8	1.86σ	14	2.10σ	20	2.24σ
9	1.92σ	15	2.13σ	30	2.39σ

3. 格拉布斯准则

若有一组测量得出的数值,其中某次测量得出数值的偏差的绝对值$|\Delta x_i|$与该组测量列的标准偏差 σ_x 之比大于某一阈值$g_0(n,1-p)$,即

$$|\Delta x_i| > g_0(n,1-p) \cdot \sigma_x$$

则认为此测量值中有异常数据,并可予以剔除. 这里 $g_0(n,1-p)$ 中的 n 为测量数据的个数,而 p 为服从此分布的置信概率,一般取 p 为 0.95 或 0.99(至于在处理具体问题时究竟取哪个值,则由实验者自己来决定). 我们在表 1.2 中给出 $p=0.95$ 和 0.99 时或 $1-p=0.05$ 和 0.01 时,不同的 n 值所对应的 g_0 值.

表 1.2 $g_0(n,1-p)$值表

n	$1-p$		n	$1-p$	
	0.05	0.01		0.05	0.01
3	1.15	1.15	17	2.48	2.78
4	1.46	1.49	18	2.50	2.82
5	1.67	1.75	19	2.53	2.85
6	1.82	1.94	20	2.56	2.88
7	1.94	2.10	21	2.58	2.91
8	2.03	2.22	22	2.60	2.94
9	2.11	2.32	23	2.62	2.96
10	2.18	2.41	24	2.64	2.99
11	2.23	2.48	25	2.66	3.01
12	2.28	2.55	30	2.74	3.10
13	2.33	2.61	35	2.81	3.18
14	2.37	2.66	40	2.87	3.24
15	2.41	2.70	45	2.91	3.29
16	2.44	2.75	50	2.96	3.34

二、测量结果的评定和不确定度

我们不但要测量待测物理量的近似值,而且要对近似真实值的可靠性做出评定(即指出误差范围),这就要求我们还必须掌握不确定度的有关概念. 下面将对不确定度的概念、分类、合成等问题进行讨论.

（一）不确定度的含义

在物理实验中,常常要对测量的结果做出综合的评定,这时要采用不确定度的概念.不确定度是"误差可能数值的测量程度",表征所得测量结果代表被测量的程度,也就是因测量误差存在而对被测量不能肯定的程度,因而是测量质量的表征.对一个物理实验的具体数据来说,不确定度是指测量值(近真值)附近的一个范围,测量值与真值之差(误差)可能落于其中,不确定度小,测量结果可信赖程度高;不确定度大,测量结果可信赖程度低.在实验和测量工作中,不确定度一词近似于不确知、不明确、不可靠、有质疑,是作为估计而言的.因为误差是未知的,不可能用指出误差的方法去说明可信赖程度,而只能用误差的某种可能的数值去说明可信赖程度,所以不确定度更能表示测量结果的性质和测量的质量.用不确定度评定实验结果的误差,包含了来源不同的误差对结果的影响,而它们的计算又反映了这些误差所服从的分布规律,这更准确地表述了测量结果的可靠程度,因而有必要采用不确定度的概念.

（二）测量结果的表示和合成不确定度

在做物理实验时,要表示测量的最终结果.在这个结果中既要包含待测量的近似真实值 $\bar{x}$,又要包含测量结果的不确定度 σ,还要反映出物理量的单位.因此,要写成物理含义深刻的标准表达形式,即

$$x = \bar{x} \pm \sigma（单位）$$

式中,x 为待测量;$\bar{x}$ 是测量的近似真实值;σ 是合成不确定度,一般保留一位有效数字.这种表达形式反映了三个基本要素:测量值、合成不确定度和单位.

在物理实验中,直接测量时若不需要对被测量进行系统误差的修正,一般就取多次测量的算术平均值 $\bar{x}$ 作为近似真实值;若在实验中只需测一次或只能测一次,该次测量值就是被测量的近似真实值.如果要求对被测量进行一定系统误差的修正,通常是将一定系统误差(即绝对值和符号都确定的可估计的误差分量)从算术平均值 $\bar{x}$ 或一次测量值中减去,从而求得被修正后的直接测量结果的近似真实值.例如,用螺旋测微器测量长度时,从被测量结果中减去螺旋测微器的零误差.在间接测量中,$\bar{x}$ 即为被测量的计算值.

在测量结果的标准表达式中,给出了一个范围 $(\bar{x}-\sigma) \sim (\bar{x}+\sigma)$,它表示待测量的真值在 $(\bar{x}-\sigma) \sim (\bar{x}+\sigma)$ 的概率为 68.3%,不要误认为真值一定就会落在 $(\bar{x}-\sigma) \sim (\bar{x}+\sigma)$ 上.认为误差在 $-\sigma \sim +\sigma$ 上是错误的.

在上述的标准式中,近似真实值、合成不确定度、单位三个要素缺一不可,否则就不能全面表达测量结果.同时,近似真实值 $\bar{x}$ 的末位数应该与不确定度的所在位数对齐,近似真实值 $\bar{x}$ 与不确定度 σ 的数量级、单位要相同.在实验中,测量结果的正确表示是一个难点,要引起重视,从开始就注意培养良好的实验习惯,才能逐步

克服难点,正确书写测量结果的标准形式.

在不确定度的合成问题中,主要是从系统误差和随机误差等方面进行综合考虑的,提出了统计不确定度和非统计不确定度的概念.合成不确定度 σ 是由不确定度的两类分量(A 类和 B 类)求"方和根"计算而得的.为使问题简化,本书只讨论简单情况下(即 A 类、B 类分量保持各自独立变化,互不相关)的合成不确定度.

A 类不确定度(统计不确定度)用 S_i 表示,B 类不确定度(非统计不确定度)用 σ_B 表示,合成不确定度为

$$\sigma = \sqrt{S_i^2 + \sigma_B^2}$$

(三)合成不确定度的两类分量

物理实验中的不确定度,一般主要来源于测量方法、测量人员、环境、测量对象等.计算不确定度是将可修正的系统误差修正后,将各种来源的误差按计算方法分为两类,即用统计方法计算的不确定度(A 类)和用非统计方法计算的不确定度(B 类).

A 类不确定度(统计不确定度),是指可以采用统计方法(即具有随机误差性质)计算的不确定度,如测量读数具有分散性,测量时温度波动影响等.这类统计不确定度通常被认为服从正态分布规律,因此可以像计算标准偏差那样,用贝塞尔公式计算被测量的 A 类不确定度. A 类不确定度 S_i 为

$$S_i = \sqrt{\frac{\sum_{i=1}^{n}(x_i - \overline{x})^2}{n-1}} = \sqrt{\frac{\sum_{i=1}^{n}\Delta x_i^2}{n-1}}$$

式中,$i = 1, 2, 3, \cdots, n$ 表示测量次数.

在计算 A 类不确定度时,也可以用最大偏差法、极差法、最小二乘法等,本书只采用贝塞尔公式法,并且着重讨论读数分散对应的不确定度.用贝塞尔公式计算 A 类不确定度,可以用函数计算器直接读取,十分方便.

B 类不确定度(非统计不确定度),是指用非统计方法求出或评定的不确定度,如实验室中的测量仪器不准确,量具磨损老化等.评定 B 类不确定度常用估计方法,要估计适当,确定分布规律,同时参照标准.本书对 B 类不确定度的估计同样只做简化处理.仪器不准确的程度主要用仪器误差来表示,所以仪器不准确对应的 B 类不确定度为

$$\sigma_B = \Delta_仪$$

式中,$\Delta_仪$ 为仪器误差或仪器的基本误差,也可称为允许误差或显示数值误差.一般的仪器说明书中都以某种方式注明仪器误差,由制造厂或计量检定部门给定.在物理实验教学中,由实验室提供.单次测量的随机误差一般以最大误差进行估计,以下分两种情况处理.

已知仪器准确度时,以其准确度作为误差大小.如一个量程 150 mA,准确度 0.2 级的电流表,测某一次电流,读数为 131.2 mA.按准确度 0.2 级可算出最大绝

对误差为 0.3 mA,因而该次测量的结果可写成 $I=(131.2\pm0.3)$ mA. 又如用物理天平称量某个物体的质量,当天平平衡时砝码为 $P=145.02$ g 时,让游码在天平横梁上偏离平衡位置一个刻度(相当于 0.05 g),天平指针偏过 1.8 分度,则该天平这时的灵敏度为 $(1.8\div0.05)$ 分度/克,其感量为 0.03 克/分度,这就是该天平称量物体质量时的准确度,测量结果可写成 $P=(145.02\pm0.03)$ g.

未知仪器准确度时,单次测量误差的估计,应根据所用仪器的精密度、灵敏度、测试者感觉器官的分辨能力以及观测时的环境条件等因素具体考虑,以使估计误差的大小尽可能符合实际情况. 一般来说,最大读数误差对连续读数的仪器可取仪器最小刻度值的一半,而无法进行估计的非连续读数的仪器,如数字式仪表,则取其最末位数的一个最小单位.

(四) 直接测量的不确定度

在直接测量的不确定度的合成问题中,对 A 类不确定度主要讨论在多次等精度的测量条件下,读数分散对应的不确定度,并且用贝塞尔公式计算 A 类不确定度;对 B 类不确定度,主要讨论仪器不准确时对应的不确定度,将测量结果写成标准形式. 因此,实验结果的获得,应包括待测量近似真实值的确定,A,B 两类不确定度以及合成不确定度的计算. 增加重复测量次数对于减小平均值的标准误差,提高测量的精密度有利. 但是当次数增多时,平均值的标准误差减小逐渐缓慢,当次数大于 10 时,平均值的标准误差的减小便不明显了. 通常取测量次数为 5 至 10 为宜.

当有些不确定度分量的数值很小时,可以略去不计. 在计算合成不确定度中求"方和根"时,若某一平方值小于另一平方值的 1/9,则这一项就可以略去不计. 这一结论叫作微小误差准则. 在进行数据处理时,利用微小误差准则可减少不必要的计算. 不确定度的计算结果,一般应保留一位有效数字,多余的位数按有效数字的修约原则进行取舍.

评价测量结果有时候需要引入相对不确定度的概念. 相对不确定度定义为

$$E_\sigma = \frac{\sigma}{\overline{x}} \times 100\%$$

E_σ 的结果一般应取两位有效数字. 此外,有时候还需要将测量结果的近似真实值 $\overline{x}$ 与公认值 $x_公$ 进行比较,得到测量结果的百分偏差 B. 百分偏差定义为

$$B = \frac{|\overline{x} - x_公|}{x_公}$$

百分偏差结果一般应取两位有效数字.

测量不确定度表达涉及深广的知识领域和误差理论问题,大大超出了本课程的教学范围,同时,有关它的概念、理论和应用规范还在不断地发展和完善,因此,我们在教学中也在进行摸索,以期在保证科学性的前提下,尽量把方法简化,使初学者易于接受. 教学重点放在建立必要的概念上,使学生有一个初步的基础,以后

在工作需要时,可以参考有关文献继续深入学习.

(五) 间接测量结果的合成不确定度

间接测量的近似真实值和合成不确定度是由直接测量结果通过函数式计算出来的. 既然直接测量有误差,那么间接测量必有误差,这就是误差的传递. 由直接测量值及其误差来计算间接测量值的误差的关系式称为误差的传递公式. 设间接测量的函数式为

$$N = F(x, y, z, \cdots)$$

式中,N 为间接测量的量,它有 K 个直接测量的物理量 $x, y, z, \cdots$,各直接观测量的测量结果分别为

$$x = \overline{x} \pm \sigma_x$$
$$y = \overline{y} \pm \sigma_y$$
$$z = \overline{z} \pm \sigma_z$$

(1) 若将各个直接测量量的近似真实值代入函数表达式中,即可得到间接测量量的近似真实值:

$$\overline{N} = F(\overline{x}, \overline{y}, \overline{z}, \cdots)$$

(2) 求间接测量的合成不确定度. 由于不确定度均为微小量,相似于数学中的微小增量,对函数式 $N = F(x, y, z, \cdots)$ 求全微分,即得

$$dN = \frac{\partial F}{\partial x}dx + \frac{\partial F}{\partial y}dy + \frac{\partial F}{\partial z}dz + \cdots$$

式中,dN, dx, dy, dz, $\cdots$ 均为微小量,代表各变量的微小变化,dN 的变化由各自变量的变化决定,$\frac{\partial F}{\partial x}, \frac{\partial F}{\partial y}, \frac{\partial F}{\partial z}, \cdots$ 为函数对自变量的偏导数,记为 $\frac{\partial F}{\partial A_K}$. 将上面全微分式中的微分符号 d 改写为不确定度符号 σ,并对微分式中的各项求"方和根",即得间接测量的合成不确定度

$$\sigma_N = \sqrt{\left(\frac{\partial F}{\partial x}\sigma_x\right)^2 + \left(\frac{\partial F}{\partial y}\sigma_y\right)^2 + \left(\frac{\partial F}{\partial z}\sigma_z\right)^2} = \sqrt{\sum_{i=1}^{K}\left(\frac{\partial F}{\partial A_K}\sigma_{A_K}\right)^2} \qquad (1\text{-}7)$$

式中,K 为直接测量量的个数;A 代表 $x, y, z, \cdots$ 各个自变量(直接观测量). 式(1-7)表明,间接测量的函数式确定后,测出它所包含的直接观测量的结果,将各个直接观测量的不确定度 σ_{A_K} 乘以函数对各变量(直测量)的偏导数 $\frac{\partial F}{\partial A_K}\sigma_{A_K}$,求"方和根",即 $\sqrt{\sum_{i=1}^{K}\left(\frac{\partial F}{\partial A_K}\sigma_{A_K}\right)^2}$ 就是间接测量结果的不确定度.

当间接测量的函数表达式为积和商(或含和差的积商)的形式时,为了使运算简便,可以先将函数式两边同时取自然对数,然后再求全微分,即

$$\frac{dN}{N} = \frac{\partial \ln F}{\partial x}dx + \frac{\partial \ln F}{\partial y}dy + \frac{\partial \ln F}{\partial z}dz + \cdots$$

同样改写微分符号为不确定度符号,再求其"方和根",即得间接测量的相对不确定度 E_N,即

$$E_N = \frac{\sigma_N}{N} = \sqrt{\left(\frac{\partial \ln F}{\partial x}\sigma_x\right)^2 + \left(\frac{\partial \ln F}{\partial y}\sigma_y\right)^2 + \left(\frac{\partial \ln F}{\partial z}\sigma_z\right)^2}$$

$$= \sqrt{\sum_{i=1}^{k}\left(\frac{\partial \ln F}{\partial A_K}\sigma_{A_K}\right)^2} \tag{1-8}$$

已知 $E_N, \overline{N}$,由式(1-8)可以求出合成不确定度

$$\sigma_N = \overline{N} \cdot E_N$$

这样计算间接测量的统计不确定度时,特别对函数表达式很复杂的情况,尤其显示出它的优越性.今后在计算间接测量的不确定度时,若函数表达式仅为"和差"的形式,可以直接利用式(1-7),求出间接测量的合成不确定度 σ_N;若函数表达式为积和商(或积商和差混合)等较为复杂的形式,可直接采用式(1-8),先求出相对不确定度,再求出合成不确定度 σ_N.间接测量的不确定度计算结果一般应保留一位有效数字,相对不确定度一般应保留两位有效数字.

三、有效数字及其运算规则

物理实验中经常要记录很多测量数据,这些数据应当是能反映出被测量实际大小的全部数字,即有效数字.在实验观测、读数、运算与最后得出的结果中,能反映被测量实际大小的数字应予以保留,有些数字则不应当保留,这就与有效数字及其运算法则有关.前面已经指出,测量不可能得到被测量的真实值,只能是近似值.实验数据的记录反映了近似值的大小,并且在某种程度上表明了误差.因此,有效数字是对测量结果的一种准确表示,它应当是有意义的数码,不允许无意义的数字存在.如把测量结果写成(54.2817±0.05) cm 是错误的,由不确定度 0.05 cm 可以得知,数据的第二位小数 0.08 已不可靠,把它后面的数字也写出来没有多大意义,正确的写法应当是(54.28±0.05) cm.测量结果的正确表示,对初学者来说是一个难点,必须加以重视,多次强调,才能逐步形成正确表示测量结果的良好习惯.

(一)有效数字的概念

任何一个物理量测量的结果既然都或多或少地有误差,那么一个物理量的数值就不应当无止境地写下去,写多了没有实际意义,写少了又不能比较真实地表达物理量.因此,一个物理量的数值和数学上的某一个数有着不同的意义,这就引入了一个有效数字的概念.例如,用最小分度值为 1 mm 的米尺测量物体的长度,读数值为 5.63 cm.其中 5 和 6 这两个数字是从米尺的刻度上准确读出的,可以认为是准确的,叫作可靠数字.末尾数字 3 是在米尺最小分度值的下一位上估计出来的,是不准确的,叫作欠准数.虽然欠准数可能不准确,但不是无中生有,而是有根

有据有意义的,显然有一位欠准数字,就能使测量值更接近真实值,更能反映客观实际.因此,测量值到这一位是合理的,即使估计数是 0,也不能舍去.测量结果应当而且也只能保留一位欠准数字,故测量数据的有效数字定义为几位可靠数字加上一位欠准数字,有效数字的个数叫作有效数字的位数,如称上述的 5.63 cm 有三位有效数字.

有效数字的位数与十进制单位的变换无关,即与小数点的位置无关.因此,用以表示小数点位置的 0 不是有效数字.当 0 不用作表示小数点位置时,0 和其他数字具有同等地位,都是有效数字.显然,在有效数字的位数确定时,第一个不为 0 的数字左面的 0 不能算作有效数字的位数,而第一个不为 0 的数字右面的 0 一定要算作有效数字的位数.如 0.0135 m 有三位有效数字,0.0135 m 和 1.35 cm 及 13.5 mm 三者是等效的,只不过分别采用了米、厘米和毫米作为长度的表示单位;1.030 m 有四位有效数字.从有效数字的另一面也可以看出测量用具的最小刻度值,如0.0135 m 是用最小刻度为毫米的尺子测量的,而 1.030 m 是用最小刻度为厘米的尺子测量的.因此,正确掌握有效数字的概念对物理实验来说是十分必要的.

(二) 直接测量的有效数字记录

物理实验中仪器上显示的数字通常均为有效数字(包括最后一位估计读数),都应读出,并记录下来.仪器上显示的最后一位数字是 0 时,0 也要读出并记录.对于分度式的仪表,读数要根据人眼的分辨能力读到最小分度的十分之几.

(1) 根据有效数字的规定,测量值的最末一位一定是欠准确数字,这一位应与仪器误差的位数对齐,仪器误差在哪一位发生,测量数据的欠准位就记录到哪一位,不能多记,也不能少记,即使估计数字是 0,也必须写上,否则与有效数字的规定不相符.例如,用米尺测量物体长分别为 52.4 mm 与 52.40 mm,这是两个不同的测量值,也是不同仪器测量的两个值,误差也不相同,不能将它们等同看待,从这两个值可以看出前者的测量仪器精度低,后者的测量仪器精度高出一个数量级.

(2) 根据有效数字的规定,凡是仪器上读出的数值,有效数字中间与末尾的 0,均应算作有效位数.例如,6.003 cm,4.100 cm 均有四位有效数字.在记录数据中,有时因定位需要,而在小数点前添加 0,这不应算作有效位数,如 0.0486 m 有三位有效数字,而不是四位有效数字.有效数字中的 0 有时算作有效数字,有时不能算作有效数字,这对初学者来说是一个难点,要正确理解有效数字的规定.

(3) 根据有效数字的规定,在十进制单位换算中,其测量数据的有效位数不变,如 4.51 cm 若以米或毫米为单位,可以表示成 0.0451 m 或 45.1 mm,这两个数仍然有三位有效数字.为了避免单位换算中位数很多时写一长串,或计数时出现错位,常采用科学表达式,通常是在小数点前保留一位整数,用 10^n 表示,如 4.51×10^2 m,4.51×10^4 cm 等,这样既简单明了,又便于计算和确定有效数字的位数.

(4) 根据有效数字的规定,对有效数字进行记录时,直接测量结果的有效位数的多少,取决于被测物本身的大小和所使用的仪器的精度,对同一个被测物,高精度的仪器,测量的有效位数多,低精度的仪器,测量的有效位数少.例如,长度为 3.7 cm 的物体,若用最小分度值为 1 mm 的米尺测量,其数据为 3.70 cm,若用螺旋测微器测量(最小分度值为 0.01 mm),其测量值为 3.7000 cm,显然螺旋测微器的精度较米尺高很多,所以测量结果的位数也多.对一个实际测量值,正确应用有效数字的规定进行记录,就可以从测量值的有效数字记录中看出测量仪器的精度.因此,有效数字的记录位数和测量仪器有关.

(三)有效数字修约规则

在分析测试的过程中,可能涉及使用数种准确度不同的仪器或量器,因而所得数据的有效数字位数也不尽相同.在进行具体的数学计算时,必须按照统一的规则确定一致的位数,再进行某些数据多余的数字的取舍,这个过程称为"数字修约".有效数字修约的原则是"四舍六入五留双".具体的做法是,当被修约数字小于或等于 4 时将其舍去;当被修约数字大于或等于 6 时就进一位;当被修约数字恰好为 5 时,如果前面的数字为奇数则进位,如果前面的数字为偶数则舍去.例如将下列数据全部修约为四位有效数字:$0.53664 \rightarrow 0.5366$,$0.58346 \rightarrow 0.5835$,$10.2750 \rightarrow 10.28$.

注意:进行数字修约时只能一次修约到指定的位数,不能数次修约,否则会得出错误的结果.例如将 15.4565 修约成两位有效数字时,应一步到位:$15.4565 \rightarrow 15$.如果按下述方式进行是错误的:$15.4565 \rightarrow 15.456 \rightarrow 15.46 \rightarrow 15.5 \rightarrow 16$.在一般商品交换中人们习惯采用"四舍五入"的数字修约规则,逢五就进,这样必然会造成测量结果系统性偏高.在测量学中采用科学的修约规则,逢五有舍有入,则不会因此引起系统误差.

(四)有效数字运算规则

在进行有效数字运算时,参加运算的分量可能有很多.各分量数值的大小及有效数字的位数也不相同,而且在运算过程中,有效数字的位数会越乘越多,除不尽时有效数字的位数也无止境.即便使用计算器,也会遇到中间数的取位问题以及如何更简洁的问题.测量结果的有效数字,只能允许保留一位欠准确数字,直接测量是如此,间接测量的计算结果也是如此.根据这一原则,为了不因计算而引进误差,影响结果;为了尽量简洁,不做徒劳的运算,约定下列规则:

① 记录测量数值时,只保留一位可疑数字.

② 在加减计算中,它们的和或差保留几位有效数字,应以参加运算的数字中小数点后位数最少(即绝对误差最大)的数字为依据.例如 0.0121,25.64 和 1.027 三个数相加,由于 25.64 中的"4"已经是不确定数字了,这样三个数相加后,小数点后的第 2 位就已不确定了.将三个数字相加,得到 26.6791,经过修约得到结果为

26.68. 显而易见，三个数中以第二个数的绝对误差最大，它决定了总和的绝对误差为 ±0.01.

③ 对几个数进行乘除运算时，它们的积或商的有效数字位数，应以其中相对误差最大的(即有效数字位数最少的)那个数为依据. 例如欲求 0.0121,25.64 和 1.027 相乘之积，第一个数是三位有效数字，其相对误差最大，因此应以它为依据对结果进行修约. 使用计算器得到的结果为 0.318620588，修约后的结果为 0.319，即 0.0121×25.6×1.03=0.319. 按照运算规则进行有效数字的数学计算，也可以采用先修约后计算的方法，但是在进行先修约的时候，被修约数字一定要多保留一位有效数字，然后再参加计算，待计算完成后再一次修约得到最终结果.

④ 在对数计算中，所取对数位数应与真数有效数字位数相同.

⑤ 自然数 1,2,3,4,… 不是测量而得，不存在欠准确数字，因此可以视为有穷多位有效数字，书写也不必写出后面的 0. 如 $D=2R$，D 的位数仅由直接测量 R 的位数决定.

⑥ 无理常数 $\pi,\sqrt{2},\sqrt{3},\cdots$ 也可以看成有很多位有效数字. 例如 $L=2\pi R$，若测量值 $R=2.35\times10^{-2}$ m，π 应取 3.142，则

$$L = 2 \times 3.142 \times 2.35 \times 10^{-2} = 1.48 \times 10^{-1}$$

⑦ 乘方和开方运算. 乘方和开方运算的有效数字的位数与其底数的有效数字的位数相同. 例如：

$$7.325^2 = 53.66$$

$$\sqrt{32.8}=5.73$$

四、数据处理

物理实验中测量得到的许多数据需要处理后才能表示测量的最终结果. 用简明而严格的方法把实验数据所代表的事物的内在规律性提炼出来就是数据处理. 数据处理包括记录、整理、计算、分析、拟合等多种处理方法，本节主要介绍列表法、作图法、图解法、最小二乘法和微机法.

(一) 列表法

列表法是记录数据的基本方法. 欲使实验结果一目了然，避免混乱，避免丢失数据，便于查对，列表法是记录的最好方法. 可以将数据中的自变量、因变量的各个数值一一对应排列出来，简单明了地表示有关物理量之间的关系；可以检查测量结果是否合理，及时发现问题；可以找出有关量之间的联系和建立经验公式，这就是列表法的优点. 设计记录表格有如下要求：

(1) 列表要简单明了，便于记录、运算、处理数据和检查处理结果，便于一目了然地看出有关量之间的关系.

（2）列表要标明符号所代表的物理量的意义．表中各栏中的物理量都要用符号标明，并写出数据所代表物理量的单位，交代清楚量值的数量级．单位写在符号标题栏，不要重复记在各个数值上．

（3）列表的形式不限，根据具体情况，决定列出哪些项目．个别与其他项目联系不大的数可以不列入表内．除原始数据外，计算过程中的一些中间结果和最后结果也可以列入表中．

（4）表格记录的测量值和测量偏差，应正确反映所用仪器的精度，即正确反映测量结果的有效数字．一般记录表格还有序号和名称．

（二）作图法

用作图法处理实验数据是数据处理的常用方法之一，它能直观地显示物理量之间的对应关系，揭示物理量之间的联系．作图法是在现有的坐标纸上用图形描述各物理量之间的关系，将实验数据用几何图形表示出来．作图法的优点是直观、形象，便于比较实验结果，求出某些物理量，建立关系式．为了能够清楚地反映物理现象的变化规律，并能比较准确地确定有关物理量的量值或求出有关常数，使用作图法时要注意以下几点：

（1）作图一定要用坐标纸．当决定了作图的参量以后，根据函数关系选用直角坐标纸、单对数坐标纸、双对数坐标纸、极坐标纸等，本书主要采用直角坐标纸．

（2）坐标纸的大小及坐标轴的比例，应当根据所测得的有效数字和结果的需要来确定，原则上数据中的可靠数字在图中应当标出，数据中的欠准数在图中应当是估计的．要适当选择 X 轴和 Y 轴的比例和坐标比例，使所绘制的图形充分占用图纸空间，不要缩在一边或一角；坐标轴比例的选取一般间隔 1，2，5，10 等，以便于读数或计算；除特殊需要外，数值的起点一般不必从 0 开始；X 轴和 Y 轴可以采用不同的比例，使作出的图形大体上能充满整个坐标纸，图形布局美观合理．

（3）标明坐标轴．对直角坐标系，一般是自变量为横轴，因变量为纵轴，采用粗实线描出坐标轴，并用箭头表示出方向，注明所示物理量的名称、单位．坐标轴上标明所用测量仪器的最小分度值，并要注意有效位数．

（4）描点．根据测量数据，用直尺和笔尖使函数对应的实验点准确地落在相应的位置，一张图纸上画几条实验曲线时，每条图线应用不同的标记符号标出，以免混淆．

（5）连线．根据不同函数关系对应的实验数据点分布，把点连成直线或光滑的曲线或折线，连线必须用直尺或曲线板．由于每个实验数据都有一定的误差，所以将实验数据点连成直线或光滑的曲线时，绘制的图线不一定通过所有的点，而是使数据点均匀分布在图线的两侧，尽可能使直线两侧所有点到直线的距离之和最小，有个别偏离很大的点应当应用"异常数据的剔除"中介绍的方法进行分析，决定是否舍去，原始数据点应保留在图中．当确信两物理量之间的关系是线性的，或所绘的实验点都在某一直线附近时,将实验点连成一直线.

(6) 写图名. 作完图后,在图纸下方或空白的明显位置处,写上图的名称、作者和作图日期,有时还要附上简单的说明,如实验条件等,使读者一目了然. 作图时,一般将纵轴代表的物理量写在前面,横轴代表的物理量写在后面,中间用"-"连接.

(7) 最后将图纸贴在实验报告的适当位置,便于教师批阅.

(三) 图解法

在物理实验中,实验图线作出以后,可以由图线求出经验公式. 图解法就是根据作好的图线,用解析法找出相应的函数形式. 实验中经常遇到的图线有直线、抛物线、双曲线、指数曲线、对数曲线. 特别是当图线是直线时,采用此方法更为方便.

1. 由实验图线建立经验公式的一般步骤

(1) 根据解析几何知识判断图线的类型;

(2) 根据图线的类型判断公式的可能特点;

(3) 利用半对数、对数或倒数坐标纸,把原曲线改为直线;

(4) 确定常数,建立起经验公式的形式,并用实验数据来检验所得公式的准确程度.

2. 用直线图解法求直线的方程

如果作出的实验图线是一条直线(图 1.2),则经验公式应为直线方程

$$y = kx + b \tag{1-9}$$

要建立此方程,必须由实验直接求出 k 和 b,一般有两种方法.

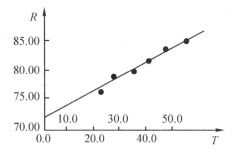

图 1.2 某金属丝电阻-温度曲线

(1) 斜率截距法

在图线上选取两点 $P_1(x_1, y_1)$ 和 $P_2(x_2, y_2)$,其坐标值最好是整数值. 用特定的符号表示所取的点,与实验点相区别. 一般不要取原实验点. 所取的两点在实验范围内应尽量分开一些,以减小误差. 由解析几何知,上述直线方程中,k 为直线的斜率,b 为直线的截距. k 可以根据两点的坐标求出,则斜率为

$$k = \frac{y_2 - y_1}{x_2 - x_1} \tag{1-10}$$

截距 b 为 $x = 0$ 时的 y 值;若原实验中所绘制的图形并未相交于 $x = 0$ 段直线,可将

直线用虚线延长交 y 轴,则可量出截距. 如果起点不为 0,也可以由式

$$b = \frac{x_2 y_1 - x_1 y_2}{x_2 - x_1} \tag{1-11}$$

求出截距. 求出斜率和截距的数值,代入方程中就可以得到经验公式.

(2) 端值求解法

在实验图线的直线两端取两点(但不能取原始数据点),分别得出它的坐标为 (x_1, y_1) 和 (x_2, y_2),将坐标数值代入式(1-9),得

$$\begin{cases} y_1 = kx_1 + b \\ y_2 = kx_2 + b \end{cases} \tag{1-12}$$

联立两个方程求解得 k 和 b.

经验公式得出之后还要进行校验,校验的方法是:对于一个测量值 x_i,由经验公式可写出一个 y_i 值,由实验测出一个 y_i' 值,其偏差 $\delta = y_i' - y_i$,若各个偏差之和 $\sum (y_i' - y_i)$ 趋于零,则经验公式就是正确的.

有的实验并不需要建立经验公式,仅需要求出 k 和 b.

3. 曲线改直

在实验工作中,许多物理量之间的关系并不都是线性的,由曲线图直接建立经验公式一般是比较困难的,但仍可通过适当的变换而成为线性关系,即把曲线变换成直线,再利用建立直线方程的方法来解决问题. 这种方法叫作曲线改直. 做这样的变换不仅是由于直线容易描绘,还由于直线的斜率和截距所包含的物理内涵是我们所需要的. 例如:

(1) $y = ax^b$,式中 a, b 为常量,可变换成 $\lg y = b\lg x + \lg a$,$\lg y$ 为 $\lg x$ 的线性函数,斜率为 b,截距为 $\lg a$.

(2) $y = ab^x$,式中 a, b 为常量,可变换成 $\lg y = (\lg b)x + \lg a$,$\lg y$ 为 x 的线性函数,斜率为 $\lg b$,截距为 $\lg a$.

(3) $PV = C$,式中 C 为常量,要变换成 $P = C(1/V)$,P 是 $1/V$ 的线性函数,斜率为 C.

(4) $y^2 = 2px$,式中 p 为常量,$y = \pm\sqrt{2p}\, x^{1/2}$,$y$ 是 $x^{1/2}$ 的线性函数,斜率为 $y = \pm\sqrt{2p}$.

(5) $y = x/(a+bx)$,式中 a, b 为常量,可变换成 $1/y = a(1/x) + b$,$1/y$ 为 $1/x$ 的线性函数,斜率为 a,截距为 b.

(6) $s = v_0 t + at^2/2$,式中 v_0, a 为常量,可变换成 $s/t = (a/2)t + v_0$,s/t 为 t 的线性函数,斜率为 $a/2$,截距为 v_0.

(四) 最小二乘法

作图法虽然在数据处理中是一个很便利的方法,但在图线的绘制上往往带有较大的任意性,所得的结果也常常因人而异,而且很难对它做进一步的误差分析.

为了克服这个缺点,在数理统计中研究直线的拟合问题,常用一种以最小二乘法为基础的实验数据处理方法.某些曲线型的函数可以通过适当的数学变换改写成直线方程,这一方法也适用于某些曲线型的规律.下面就数据处理中的最小二乘法原理做简单介绍.

可以根据实验的数据求经验方程,这称为方程的回归问题.方程的回归首先要确定函数的形式,一般要根据理论的推断或实验数据变化的趋势推测出来,如果推断出物理量 y 和 x 之间的关系是线性关系,则函数的形式可写为 $y=B_0+B_1x$.

如果推断出物理量 y 和 x 之间的关系是指数关系,则写为 $y=C_1e^{C_2x}+C_3$.

如果不能清楚地判断函数的形式,则可用多项式表示:

$$y = B_0 + B_1x_1 + B_2x_2 + \cdots + B_nx_n$$

式中,$B_0,B_1,\cdots,B_n,C_1,C_2,C_3$ 等均为参数.可以认为,方程的回归问题就是用实验的数据来求出方程的待定参数问题.

用最小二乘法处理实验数据,可以求出上述待定参数.设 y 是变量 x_1, x_2,$\cdots$ 的函数,有 m 个待定参数 C_1, C_2,$\cdots$,C_m,即

$$y = f(C_1,C_2,\cdots,C_m;x_1,x_2,\cdots)$$

对各个自变量 $x_1,x_2,\cdots$ 和对应的因变量 y 做 n 次观测得 $(x_{1i},x_{2i},\cdots,y_{ni})$ $(i=1,2,\cdots,n)$.于是 y 的观测值 y_i 与由方程所得计算值 y_{0i} 的偏差为 (y_i-y_{0i}) $(i=1,2,\cdots,n)$.

所谓最小二乘法,就是要求上面的 n 个偏差在平方和最小的意义下,使得函数 $y=f(C_1,C_2,\cdots,C_m,x_1,x_2,\cdots)$ 与观测值 y_1, y_2,$\cdots$,y_n 最佳拟合,也就是参数应使

$$Q = \sum_{i=1}^n \left[y_i - f(C_1,C_2,\cdots,C_m,x_1,x_2,\cdots)\right]^2 = 最小值$$

由微分学的求极值方法可知,$C_1,C_2,\cdots,C_m$ 应满足下列方程组:

$$\frac{\partial Q}{\partial C_i} = 0 \quad (i=1,2,\cdots,n)$$

下面从一个最简单的情况来看怎样用最小二乘法确定参数.设已知函数形式是

$$y = a + bx \tag{1-13}$$

这是个一元线性回归方程,由实验测得自变量 x 与因变量 y 的数据是

$$x = x_1,x_2,\cdots,x_n, \quad y = y_1,y_2,\cdots,y_n$$

由最小二乘法,a,b 应使

$$Q = \sum_{i=1}^n \left[y_i - (a+bx_i)\right]^2 = 最小值$$

Q 对 a 和 b 求偏微商应等于 0,即

$$\begin{cases} \dfrac{\partial Q}{\partial a} = -2\sum_{i=1}^n \left[y_i - (a+bx_i)\right] = 0, \\[2mm] \dfrac{\partial Q}{\partial b} = -2\sum_{i=1}^n \left[y_i - (a+bx_i)\right]x_i = 0 \end{cases} \tag{1-14}$$

由式(1-14)得

$$\overline{y} - a - b\overline{x} = 0, \quad \overline{xy} - a\overline{x} - b\overline{x^2} = 0 \tag{1-15}$$

式中,$\overline{x}$ 表示 x 的平均值,即 $\overline{x} = \dfrac{1}{n}\sum_{i=1}^{n}x_i$;$\overline{y}$ 表示 y 的平均值,即 $\overline{y} = \dfrac{1}{n}\sum_{i=1}^{n}y_i$;$\overline{x^2}$ 表示 x^2 的平均值,即 $\overline{x^2} = \dfrac{1}{n}\sum_{i=1}^{n}x_i^2$;$\overline{xy}$ 表示 xy 的平均值,即 $\overline{xy} = \dfrac{1}{n}\sum_{i=1}^{n}x_iy_i$. 解方程(1-15)得

$$b = \frac{\overline{x}\,\overline{y} - \overline{xy}}{\overline{x}^2 - \overline{x^2}} \tag{1-16}$$

$$a = \overline{y} - b\overline{x} \tag{1-17}$$

必须指出,实验中只有当 x 和 y 之间存在线性关系时,拟合的直线才有意义. 在待定参数确定以后,为了判断所得的结果是否有意义,在数学上引进一个叫作相关系数的量. 通过计算相关系数 r 的大小,可以确定所拟合的直线是否有意义. 对于一元线性回归,r 定义为

$$r = \frac{\overline{xy} - \overline{x}\,\overline{y}}{\sqrt{(\overline{x^2} - \overline{x}^2)(\overline{y^2} - \overline{y}^2)}}$$

可以证明,$|r|$ 的值在 0 和 1 之间. $|r|$ 接近于 1,说明实验数据能密集分布在求得的直线的近旁,用线性函数进行回归比较合理. 相反,如果 $|r|$ 远小于 1 而接近于 0,说明实验数据对求得的直线来说很分散,用线性回归不妥当,必须用其他函数重新试探. 至于 $|r|$ 的起码值(当 $|r|$ 大于起码值,回归的线性方程才有意义),与实验观测次数 n 和置信度有关,可查阅有关手册.

非线性回归是一个很复杂的问题,并无一定的解法,但是通常遇到的非线性问题多数能够化为线性问题. 已知函数形式为

$$y = C_1 e^{C_2 x}$$

两边取对数得

$$\ln y = \ln C_1 + C_2 x$$

令 $\ln y = z$,$\ln C_1 = A$,$C_2 = B$,则上式变为

$$z = A + Bx$$

这样就将非线性回归问题转化成为一个一元线性回归问题.

上面介绍了用最小二乘法求经验公式中的常数 k 和 b 的方法,用这种方法计算出来的 k 和 b 是"最佳的",但并不是没有误差. 它们的不确定度估算比较复杂,这里就不做介绍了.

(五) 微机法

在现代实验技术中,随着实验条件的不断改善,微机的应用越来越多,不仅应用于仪器设备中提高精度,采集数据,模拟实验,还可以在数据处理中发挥重要的作用. 应用微机进行数据处理的方法称为微机法. 微机法的优点是速度快,精度高,

将实验数据输入装有相应软件的微机中就能显示数据处理的结果,直观性强,减轻人们处理数据的工作量,同时也能提高人们应用微机处理数据的能力.例如在一些平均值、相对误差、绝对误差、标准误差、线性回归、数据统计等方面的数值计算,常用函数计算、定积分计算、拟合曲线、作图等方面都可以考虑使用微机来处理.在具体问题中可以应用现有的软件,也可以结合具体实验练习编写一些简单实用的小程序或开发一些实用性强的小课件来满足实验中数据处理的需要.

第三节 物理实验的基本方法

一、物理实验思想和方法的形成

物理学是研究物质的基本结构、基本运动形式、相互作用和转化规律的学科.它本身以及它与各个自然学科、工程技术部门的相互作用创造了今天的科技进步和人类文明,对当代及未来科技的进步、相关产业的建立和发展提供着巨大的推动力.

在人类追求真理、探索未知世界的过程中,物理学展现了一系列科学的世界观和方法论,深刻影响着人类对物质世界的基本认识、人类的思维方式和社会生活,是人类文明的基石.物理学发展的历史证明了正确的科学思想及由此产生的科学方法是科学研究的灵魂.

伽利略是最早运用我们今天所称的科学方法的人.这种方法就是经验(以实验和观察的形式)与思维(以创造性构筑的理论和假说的形式)之间的动态的相互作用.伽利略是近代科学的奠基者,是科学史上第一位现代意义上的科学家,他首先为自然科学创立了两个研究法则,即观察实验和量化方法,将实验和数学相结合、真实实验和理想实验相结合的科学方法,从而创造了和以往科学研究方法不同的近代科学研究方法,使近代物理学走上了以实验和精确观测为基础的道路.伽利略在用实验方法发现真理的过程中,获得了一个极其重要的科学概念,即自然法则和物理定律的概念.伽利略通过亲身的科学实验,认识到寻求自然法则是科学研究的目的,自然法则是自然现象千变万化的秘密所在,而一旦发现自然法便可以认识自然.这个观念一经确立,人们就逐渐认识到,不仅天文学、运动学现象,而且一切自然现象都是有其自身规律的,于是在力学的推动下,逐渐发展出近代科学的各个分支.伽利略在建立系统的科学思想和实验方法中,开创了实验物理学,开创了近代物理学,对物理学的发展做出了划时代的贡献.正如他自己在《两种新科学的对话》中所述:"我们可以说,大门已经向新方向打开,这种将带来大量奇妙成果的新方法,在未来会博得许多人的重视."事实正是如此,著名物理学家爱因斯坦在《物理学的进化》中,对伽利略的科学思想方法给予了高度评价.他指出:"伽利略的发现,以及他所用的科学推理方法,是人类思想史上最伟大的成就之一,而且标志着物理学的真正开端."

伽利略开创的实验物理学,包括实验的设计思想和实验方法,开创了自然科学发展的新局面.在实验物理学数百年的发展进程中,涌现出了众多卓越的在物理学发展史上起过重要里程碑作用的实验.它们以巧妙的物理构思、独到的处理和解决问题的方法、精心设计的仪器、完善的实验安排、高超的测量技术、对实验数据的精心处理和无懈可击的分析判断,为我们展示了极其丰富和精彩的物理思想,开创了解决问题的途径和方法.这些思想和方法已经超越了各个具体实验而具有普遍的指导意义.学习和掌握物理实验的设计思想、测量和分析的方法,对物理实验课及其他学科的学习和研究都大有裨益.

二、物理实验的测量和分析方法

一切描述物质状态和运动的物理量都可以从几个最基本的物理量中导出,而这些基本物理量的定量描述只有通过测量才能得到.将待测的物理量直接或间接地与作为基准的同类物理量进行比较,得到比值的过程,叫作测量.测量的方法和精确度随着科学技术的发展而不断地丰富和提高.例如对时间的测量,远古时代,人们"日出而作,日落而息".人们利用太阳东升西落、周而复始、循环出现的天然时间的变化周期,逐渐产生了日的概念.人们从月亮圆缺得到启发,产生了"月"的概念.当人们知道太阳是一颗恒星时,地球绕太阳的运动周期便成了计量时间的科学标准.人们曾发明日晷、滴漏和各种各样的计时器来测量较短的时间间隔.随着物理学的发展,人们学会把单摆吊在时钟上,做出了摆钟,提高计时精度约 3 个数量级;随后人们用石英晶体振荡牵引时钟钟面,做出了石英钟,将计时精度提高了近6 个数量级;1949 年,美国国家标准局首先利用氨分子跃迁做出了氨分子钟,1955年英国皇家物理实验室把铯原子用在了时钟上,做成了世界上第一架铯原子钟(量子频标),测时精度达到 10^{-9} s,到 1975 年铯原子钟的测量精度已经达到 10^{-11} s,其他类型的原子钟也相继问世,其中主要有氢原子钟和铷原子钟等.

由此可见测量的精度与测量方法和手段密切相关.同一种物理量,即使在同一范围内,精度要求不同,也可以有多种测量方法,选用何种方法要看待测物理量在哪个范围和我们对测量精度的要求.例如长度的测量覆盖了整个物理学研究的尺度范围——小到微观粒子,大到宇宙深处.人们利用高分辨率电子显微镜和扫描隧道显微镜或原子力显微镜已经可以测量原子的直径和原子的间隔了,其分辨率已达 10^{-11} m;苏联哈尔科夫的射电望远镜已经可以探测约 2.6×10^{26} m 的距离.宏观物理的范围,一般采用力、电磁和光的放大方法进行测量,例如我们在物理实验中就常用到直尺、游标卡尺、螺旋测微计、电感和电容式测微仪、线位移光栅、光学显微镜、阿贝比长仪和激光干涉仪等.随着人类对物质世界更深入的了解,待测物理量的内容越来越广泛,随着科学技术的飞速发展,测量方法和手段也越来越丰富,越来越先进.这里我们只对在物理实验中常见的几种最基本的测量方法做概括性的介绍.

（一）比较法

比较法是最基本和最重要的测量方法之一.因为所谓测量,就是把待测的物理量直接或者间接地与作为基准（或标准单位）的同类物理量进行比较,得到比值的过程.比较法可分为直接比较测量法和间接比较测量法.

1. 直接比较测量法

直接比较测量法是把待测物理量 X 与已知的同类物理量或者标准量 S 直接比较,这种比较通常要借助仪器或者标准量具.例如,用米尺来测量某一物体的长度就是最简单的直接比较法.其中最小分度毫米就是比较用的标准单位.

2. 间接比较测量法

当一些物理量难以用直接比较测量法测量时,可以利用物理量之间的函数关系将待测物理量与同类标准量进行间接比较来测量.

（二）补偿法

把标准值 S 选择或调节到与待测物理量 X 值相等,用于抵消（或补偿）待测物理量的作用,使系统处于平衡（或补偿）状态.处于平衡状态的测量系统,待测物理量 X 与标准值 S 具有确定的关系,这种测量方法称为补偿法.补偿法的特点是测量系统中包含标准量具和平衡器（或示零器）,在测量过程中,待测物理量 X 与标准量 S 直接比较,调整标准量 S,使 S 与 X 之差为零（故也有人称其为示零法）.这个测量过程就是调节平衡（或补偿）的过程,其优点是可以免去一些附加系统误差,当系统具有高精度的标准量具和平衡指示器时,可获得较高的分辨率、灵敏度及测量的精确度.

（三）平衡法

平衡原理是物理学的重要基本原理,由此而产生的平衡法是分析、解决物理问题的重要方法,也是物理量测量普遍应用的重要方法.

例如,天平、电子秤是根据力学平衡原理设计的,可用来测量物质的质量、密度等物理量;根据电流、电压等电子量之间的平衡设计的桥式电路,可用来测量电阻、电感、电容、介电常数、磁导率等物质的电磁特性参量.

历史上一些重要的物理定律的确定和验证,有些就是通过平衡法来实现的.例如,匈牙利物理学家厄缶通过扭摆实验验证了物体的引力质量和惯性质量相等,扭摆实验的基本原理是平衡原理.

（四）放大法

在物理量的测量中,有时由于被测量过分小,以至无法被实验者或仪器直接感受和反应,此时可先通过一些途径将被测量放大,然后再进行测量,放大被测量所用的原理和方法称为放大法.常用的放大法有积累放大法、机械放大法、电学放大法、光学放大法等.

1. 积累放大法

在物理实验中我们可能常常遇到这样一些问题,即受测量仪器的精度的限制,或存在很大的本底噪声,或受人的反应时间限制,单次测量的误差很大或者无法测量出待测量的有用信息,采用积累放大法进行测量,就可以减小测量误差,降低本底噪声和获得有用的信息.例如最简单的单摆实验的周期测量,假定单摆周期 T 为 1.50 s,人开启和关闭秒表的平均反应时间为 $\Delta T = 0.2$ s,则单次测量周期的相对误差为 $\Delta T/T = 30\%$,若我们测量 50 个周期,则将由人开启和关闭秒表的平均反应时间引起的误差降到 $\Delta T/T = 0.6\%$.再如激光器,为了获得高度集束光,采用一对平行度很高的半透半反射膜,使光在两对半透半反射膜之间多次反射,光强不断增强,其中与反射面不垂直的光会由于多次反射而最终被筛掉.

回旋加速器也利用了积累放大的原理,电子通过加速器半圆的出口一次就进行一次加速,电子的能量不断增加,电子的速度不断增加,$V_1 < V_2 < V_3 < V_4 < \cdots < V_{10}$,即动能不断增加.在拉曼光谱或红外光谱的测量中,由于电子噪声、机械振动噪声和环境噪声等,单次扫描往往不能获得高分辨率和信噪比的谱图或曲线,也常常采用积累放大法进行多次扫描测量来降低本底噪声,提高测量的分辨率和获取有用信息.

2. 机械放大法

机械放大法是最直观的一种放大方法,例如利用游标可以提高测量的细分程度,原来分度值为 y 的主尺,加上一个 n 等分的游标后,组成的游标尺的分度值 $\Delta y = y/n$,即对 y 细分了 n 倍,这对直标尺和角游标都是适用的(参阅长度测量的有关实验).螺旋测微原理也是一种机械放大,将螺距(螺旋进一圈的推进距离)通过螺母上的圆周来进行放大.机械杠杆可以把力和位移细分,例如各种不等臂的秤杆.滑轮也可以把力和位移细分,例如机械连动杆或丝杆、连动滑轮或齿轮等.

3. 电信号的放大和信噪比的提高

电信号的放大可以是电压放大、电流放大、功率放大,电信号也可以是交流的或直流的.随着微电子技术和电子器件的发展,各种电信号的放大都很容易实现,因而也是用得最广泛、最普遍的.例如三极管是在任何电子电路中都可能遇到的常用元件,因为栅极 E_g 的微小变化都会产生板极电流 I_p 的很大变化,所以三极管常用作放大器.现在各种新型的高集成度的运算放大器不断涌现,把弱电信号放大几个至十几个数量级已不再是难事.因此,常常把其他物理量转换成电信号,放大以后再转回去(如压电转换、光电转换、电磁转换等).把电学量放大,在提高物理量本身量值的同时,还必须注意减少本底信号,提高所测物理量的信噪比和灵敏度,降低电信号的噪声.提高信噪比的方法是多种多样的.

4. 光学放大法

光学放大的仪器有放大镜、显微镜和望远镜.这类仪器只是在观察中放大视角,并不是实际尺寸的变化,所以并不增加误差.因而许多精密仪器都是在最后的读数装置上加一个视角放大装置以提高测量精度.微小变化量的放大原理常用于检流计、光杠杆等装置中.光杠杆镜尺法就放大了被测量的微小长度变化,光杠杆的放大倍数可达到 25～100 倍.

(五)转换测量法

1. 参量转换测量法

参量转换测量法利用各种参量间的变换及其变换的相互关系,把不可测的量转换成可测的量.在设计和安排实验时,当预先估计不能达到要求时,常常另辟蹊径,把一些不可测量的物理量转换成可测量的物理量.例如质子衰变实验,长期以来,物理学家们都没有观察到质子衰变,故认为它是一种稳定的粒子,其寿命是无限的.但根据弱电统一理论预言,质子的寿命是有限的,其平均寿命约为 10^{38} s,这是一个多么漫长的时期,简直是一个无法测量的时间.因此在很长一段时间,人们无法揭示质子寿命的奥秘.但是当人们把思考的着眼点变换一个角度,把时间的测量转换为空间概率的测量,整个事件就发生了戏剧性的变化.假如我们观察 10^{33} 个质子(每吨水约有 10^{29} 个),则一年之内可能有 100 个质子衰变,这样使原来根本无法观察和测量的事情,变成可以测量的了.又例如关于引力波的实验,根据爱因斯坦关于引力波的理论,任何做相对加速运动的物体都可以发射引力波,因而,双星体 ζ 可能是引力波源.而目前实验室中引力波天线的灵敏度都不足以达到既可以直接测量宇宙内的引力波,又同时能排除电磁辐射的干扰.于是,物理学家们就把着眼点放了双星体引力辐射阻尼上,即测量双星辐射引力波导致轨道周期的减小来检验引力波的存在.有时某些物理量虽然可以测定,但要精确测量不容易,或所需要的条件苛刻,或所需要的测量仪器复杂、昂贵等,但是换个途径,事情就变得简单多了,而且能够较精确地测量.因为在实际测量工作中,可以改变的条件有很多,于是我们可以在一定范围内找到那些易于测量的量,绕开不易测量的量,实行变量代换.最经典的例子便是利用阿基米德原理测量不规则物体的体积或密度.用流体静力称衡法测量几何形状不规则物体的密度时,由于其体积无法用量具测定,为了克服这一困难,利用阿基米德原理,先测量物体在空气中的质量,再将物体浸没在密度为 ρ_0 的某液体中,称衡其质量为 m_1,则该物体的密度为

$$\rho = \frac{m}{m - m_1} \rho_0$$

因此将对物体的体积测量转化为对 m 和 m_1 的测量，m 和 m_1 均可由分析天平和电子天平精确测量.

2. 能量转换测量法

能量转换测量法是指某种形式的物理量，通过能量变换器，变成另一种形式的物理量的测量方法. 随着各种新型功能材料如热敏、光敏、压敏、气敏、湿敏材料的不断涌现以及这些材料性能的不断提高，形形色色的敏感器件和传感器应运而生，为科学实验和物性测量方法的改进提供了很好的条件. 考虑到电学参量具有测量方便、快速的特点，电学仪表易于生产，而且常常具有通用性，所以许多能量转换法都是使待测物理量通过各种传感器和敏感器件转换成电学参量来进行测量的. 最常见的有：

（1）光电转换

利用光敏元件将光信号转换成电信号进行测量. 例如在弱电流放大的实验中，把激光（或其他光，如日光、灯光等）照射在硒光电池上直接将光信号转换成电信号，再进行放大. 物理实验中常用的光电元件还有光敏三极管、光电倍增管、光电管等.

（2）磁电转换

最经典的磁敏元件是霍尔元件、磁记录元件（如读、写磁头，磁带，磁盘）、巨磁阻元件等，磁电转换是指利用磁敏元件（或电磁感应组件）将磁学参量转换成电压、电流或电阻进行测量.

（3）热电转换

热电转换是指利用热敏元件（如半导体热敏元件、热电偶等），将温度转换成电压或电阻进行测量.

（4）压电转换

压电转换是指利用压敏元件或压敏材料（如压电陶瓷、石英晶体等）的压电效应，将压力转换成电信号进行测量. 反过来，也可以用特定频率的电信号去激励压敏材料使之产生共振，来进行其他物理量的测量.

（六）模 拟 法

模拟法是以相似性原理为基础，从模型实验发展起来的研究物质或事物物理属性及变化规律的实验方法. 当探求物质的运动规律和自然奥妙或解决工程技术和军事问题时，常常会遇到一些特殊的、难以对研究对象进行直接测量的情况. 例如，被研究的对象非常庞大或非常微小（巨大的原子能反应堆、同步辐射加速器、航天飞机、宇宙飞船、物质的微观结构、原子和分子的运动），非常危险（地震、火山爆发、发射原子弹或氢弹），或者研究对象变化非常缓慢（天体的演变、地球的进化），根据相似性原理，可人为地制造一个类似于被研究对象或者运动过程的模型来进行实验. 模拟法可以按其性质和特点分成两大类：物理模拟和计算机模拟. 物理模拟可以分为三类:几何模拟、动力相似模拟、替代或类比模拟(包括电路模拟).

1. 几何模拟

几何模拟是将实物按比例放大或缩小,对其物理性能及功能进行实验的模拟方法.如流体力学实验室常采用水泥造出河流的落差、弯道、河床的形状,还有一些不同形状的挡水状物,用来模拟河水流向、泥沙的沉积、沙洲、水坝对河流运动的影响,或用"沙堆"研究泥石的变化规律.再如研究建筑材料及结构的承受能力,可将原材料或建筑群体设计按比例缩小几倍到几十倍,进行实验模拟.

2. 动力相似模拟

物理系统常常是不具有标度不变性的,即一般来说,几何上的相似并不等于物理上的相似,因而在工程技术中做模拟实验时,如何保证缩小的模型与实物在物理上保持相似性是个关键问题.为了达到模型与原型在物理性质或规律上的相似或等同,模型的外形往往不是原型的缩型,例如 1943 年美国波音飞机公司用于实验的模型飞机,外表根本就不像一架飞机,然而风速对它翼部的压力却与风速对原型机翼的压力相似.又如,在航空技术验机中,人们不得不建造压缩空气做高速旋转的密封型风洞来作为模型实验的条件,使实验条件更符合实际自然状态的形式.

3. 替代或类比模型

利用物质材料的相似性或类比性进行实验,可以用别的物质、材料或者别的物理过程,来模拟所研究的材料或物理过程.例如模拟静电场的实验就是用电流场模拟静电场的实例.又如,可以用超声波代替地震波,用岩石、塑料、有机玻璃等做成各种模型,进行地震模拟实验.更进一步的物理实验之间的替代,就导致了原型实验和工作方式都改变的特殊模拟方法.应用最广的是电路模拟,因为在实际工作中,改变一些力学量不如改变电阻、电容、电感容易.

(七)光的干涉、衍射法

在精密测量中,光的干涉、衍射法具有重要的意义.

在干涉现象中,不论是何种干涉,相邻干涉条纹光程差的改变都等于相干光的波长.可见,光的波长虽然很小,但干涉条纹间的距离或干涉条纹的数目却是可以计量的.因此,通过对条纹数目或条纹的改变的计量,可以获得以波长为单位的对光程差的计量.利用光的等厚干涉现象,可以精确测量微小长度或角度的变化,测量微小的形变及与其相关的其他物理量,也可以用来检验物体表面的平面度、球面度、光洁度及工件内应力的分布等.

光的衍射原理和方法可以广泛地应用于测量微小物体的大小.光的衍射原理和方法在现代物理实验方法中具有重要的地位.光谱技术与方法、X 射线衍射技术与方法、电子显微技术与方法都与光的衍射原理和方法相关,它们已成为现代物理技术与方法的重要组成部分,在人类研究微观世界和宇宙空间中发挥着重要的作用.

（八）近代物理实验中的其他方法

当今高新科学技术的发展日益趋于交叉综合,信息技术、新材料技术和新能源技术已成为高新技术的重要组成部分.近代物理的实验方法、实验技术和分析技术在高新技术的各个学科和领域都得到广泛的应用,并对高新技术的发展和人类社会的进步起着巨大的推动作用.磁共振技术与方法、低温和真空技术、核物理技术与方法、扫描隧道显微技术与方法、薄膜制备技术与物性研究等现代物理实验方法与技术是高新技术领域常用的近代物理实验方法.

练 习 题

1. 在物理实验中为何要计算不确定度? 其意义何在?

2. 何为 A 类不确定度? 何为 B 类不确定度? 两类不确定度有什么关系?

3. 导出圆柱体体积 $V=\dfrac{\pi d^2 h}{4}$ 的不确定度合成公式 $\dfrac{\Delta V}{V}$（"方和根"合成）.

4. 计算 $\rho=\dfrac{4M}{\pi D^2 H}$ 的结果及不确定度 $\Delta\rho$,并分析直接测量值 M,D,V 的不确定度对间接测量值 ρ 的影响(即合成公式中哪一项的单项不确定度的影响大).其中 $M=(236.124\pm0.004)$ g,$D=(2.345\pm0.005)$ cm,$H=(8.21\pm0.003)$ cm.

5. 指出下列各数有几位有效数字.

(1) 0.0001；   (2) 0.0100；   (3) 1.0000；   (4) 980.123000；

(5) 1.35；   (6) 0.0135；   (7) 0.173；   (8) 0.0001730.

6. 下列测量结果的表达式是否正确? 若有错误请改正,并说明理由.

(1) 用秒表测量单摆的周期为 $T=(1.78\pm0.6)$ s.

(2) 用测距仪测量某段公路的长度为 $L=12$ km±100 cm.

(3) 用磅秤测出某磁铁的质量为 $M=(2.796\times10^2\pm0.4)$ kg.

(4) 用万用表测出电阻上的电压为 $V=(8.96\pm0.3)$ V.

(5) 用温度计测出室温 $T_R=(22\pm0.3)$ ℃.

(6) 用声速测定仪测出空气中的声速为 $v=341.61(1\pm0.2\%)$ m/s.

参 考 文 献

[1] 李慎安.测量误差及数据处理技术规范解说[M].北京:中国计量出版社,1993.

[2] 刘智敏.不确定度及其应用[M].北京:中国标准出版社,2000.

[3] 肖明耀,康金玉.测量不确定度表达指南[M].北京:中国计量出版社,1993.

［4］　李化平.物理测量的误差评定［M］.北京:高等教育出版社,1994.

［5］　吴泳华,霍剑青,熊永红.大学物理实验:第一册［M］.北京:高等教育出版社,2001.

［6］　宋明顺.测量不确定度评定与数据处理［M］.北京:中国计量出版社,1994.

［7］　丁慎训,张连芳.物理实验教程［M］.北京:清华大学出版社,2002.

［8］　是度芳,贺渝龙.基础物理实验［M］.武汉:湖北科学技术出版社,2003.

第二章　基本仪器和基本测量

　　物理学是一门高度定量化的实验科学,常常需要对各种物理量进行测量.一个物理量的测量结果包括所测得的数值和所用的单位,两者缺一不可.只有极少数的物理量是无单位的纯数.物理量之间存在着千丝万缕的联系,这些有规律的联系使我们不必对物理量的单位都独立地规定,只需选出一些最基本的物理量作为基本量,并为每个基本量规定一个基本单位,其他物理量的单位则可从它们与基本物理量之间的关系式(定义或定律)中导出.基本物理常数与计量单位定义的关系非常密切.国际单位制基于七个概念上彼此独立的量,其他计量单位均由此导出,它们分别是:长度——米(m),时间——秒(s),质量——千克(kg),电流——安培(A),热力学温度——开尔文(K),发光强度——坎德拉(cd),物质的量——摩尔(mol).除质量单位之外,其他基本单位的定义均建立在物理现象的基础上.摩尔是一系统的物质的量的单位,该系统中所包含的基本单元与 $0.012\ \mathrm{kg}\ {}^{12}_{6}\mathrm{C}$ 的原子数目相等.使用摩尔时,基本单元应予以指明,可以是原子、分子、离子、电子或其他粒子,或是这些粒子的特定组合.1971 年第 14 届国际计量大会通过,将摩尔定为国际单位制的七个基本单位之一,另外规定了两个辅助单位:平面角——弧度(rad),立体角——球面度(sr).其他一切物理量的单位都可以由这些基本单位和辅助单位导出.常用的导出单位参阅《中华人民共和国法定计量单位》.

第一节　长度测量仪器

　　长度是最基本的物理量之一.各种各样的长度测量仪器的外观虽然不同,但其标度大都是以一定的长度来划分的.对许多物理量的测量都可以归为对长度的测量,因此,长度的测量是实验测量的基础.在进行长度的测量中,我们要能够正确地使用测量仪器,还要能够根据对长度测量的不同精度要求,合理地选择仪器,能够根据测量对象和测量条件采用适当的测量手段.按照长度测量方法,其量具可以分为接触式和非接触式两种;按测量原理及性质,其量具大致可以分为四类,即基本测量器具、机械式量具测量装置、光学测量装置、光电测量装置.

一、米尺

常用的米尺量程为 0～100 cm,分度值为 1 mm. 测量长度时可估计至 0.1 mm,测量过程中,一般不用米尺的端边作为测量的起点,以免由于边缘磨损而引入误差,可选择某一刻度线(例如刻线)作为起点. 由于米尺具有一定厚度,测量时必须使其刻度面紧挨着待测物体,否则会由于测量者视线方向的不同(即视差)而引入测量误差,如图 2.1 所示.

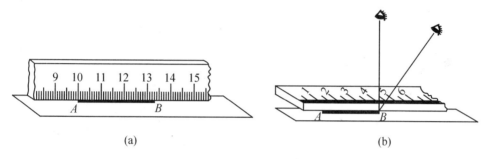

(a)　　　　　　　　　　　　　　　(b)

图 2.1　直尺读数法

二、游标卡尺

游标卡尺构造简单,使用方便,测量范围大,常用它来测量工件的外径、内径、长度、宽度、深度、高度、壁厚、孔距等尺寸.

游标卡尺有不同的形式,除了三用游标卡尺(图 2.2)外,还有单面游标卡尺、深度游标卡尺、高度游标卡尺等.

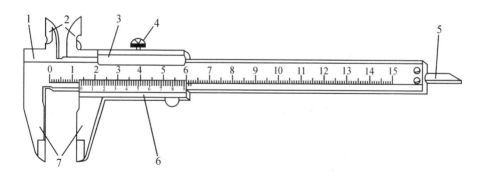

图 2.2　三用游标卡尺

1—尺身;2—刀口内量爪;3—尺框;4—紧固螺丝;

5—深度尺;6—游标;7—外量爪

　　游标原理在其他仪器上也常有应用,例如测高仪、旋光仪、分光计等.后两者是将游标原理用于角度的测量,但其读数方法和长度测量时是一样的.

　　游标卡尺主要由主尺和游标两部分组成.游标是在主尺上附加的一个能滑动的有刻度的小尺.读数时,主尺上直接读出主尺最小刻度以上的整数部分,游标上读出主尺最小刻度以下的数值.

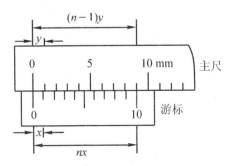

图 2.3　游标卡尺原理示意图

　　游标上 n 个分格的总长度与主尺上 $(n-1)$ 个分格的总长度相等,以 x,y 分别表示游标与主尺上每一格的长度,因此 $nx=(n-1)y$.图 2.3 是游标上 $n=10$ 的情形.

　　主尺与游标上每个分格之差为

$$\sigma = y - x = \frac{1}{n}y$$

式中,σ 称为游标的精度(亦称为测量的准确度),是游标卡尺的最小读数值,它可以准确地读到主尺最小分格值的 $\frac{1}{n}$.

　　常用游标的分格值有 $1/10,1/20,1/50$ 几种,相应的分度值为 0.1 mm,0.05 mm,0.02 mm.

　　测量时,根据游标“0”线所对主尺的位置,可在主尺上读出物体长度以毫米为单位的整数部分,毫米以下的长度部分由游标读出,用游标卡尺测量长度 L 的一般表达式为

$$L = Ka + n\sigma$$

式中,K 是游标“0”线所在处主尺上的整毫米读数;a 是主尺的最小分度值;n 是游标的第 n 条线与主尺的某一条线对齐(或最靠近);σ 是游标卡尺的准确度,第二项 $n\sigma$ 就是从游标上读出的毫米以下的长度部分.如图 2.4 所示,游标卡尺的分度值为 0.05 mm,游标的第 9 格与主尺的某一条线对齐,所以读数为 4 mm+0.05 mm×9 =4.45 mm.

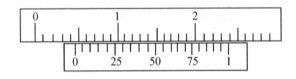

图 2.4　游标卡尺的读数

三、螺旋测微器

螺旋测微器,又称千分尺,是比游标卡尺更精密的长度测量仪器,如图 2.5 所示.

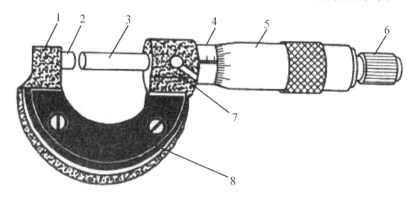

图 2.5 螺旋测微器

1—尺架;2—测砧;3—测微螺杆;4—固定套管;5—微分筒;

6—测力装置;7—锁紧装置;8—绝热装置

它的量程是 25 mm,分度值是 0.01 mm. 螺旋测微器结构的主要部分是微动螺旋杆,相邻螺纹距是 0.5 mm. 因此,当螺旋杆旋转一周时,它沿轴线方向只前进 0.5 mm. 螺旋杆是和螺旋柄相连的,在柄上附有沿圆周的刻度(微分筒),共有 50 个等分格. 当螺旋柄上的刻度转过一个分格时,螺旋杆沿轴线方向前进 0.5/50 mm,即 0.01 mm.

螺旋测微器的读数可分为三步:首先读出主尺上的刻线部分;其次读出套筒上的整刻度数;最后估计套筒最小刻度以下部分的数值. 图 2.6(a)和(b)中螺旋测微器的读数就是采用这种规则读出来的,它们的读数分别为 4.405 mm 和 5.030 mm.

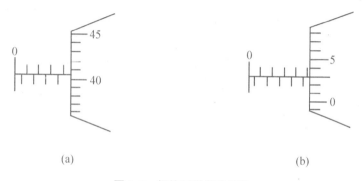

(a)   (b)

图 2.6 螺旋测微器的读数

螺旋测微原理在其他许多仪器中也有广泛使用,如测微目镜、读数显微镜、迈克耳孙干涉仪等等.

使用螺旋测微器的注意事项如下:

(1) 螺旋测微器在使用前,应先将两个测量面合拢,读取零点误差,并分清是正误差还是负误差,最后用以修正测量值.测量时,当测砧与测杆(或待测物)距离较大时,可以旋动微分筒使螺杆前进,当测量面与待测物体快要接触时,应轻轻转动测力装置,在听到"咔、咔"的打滑声后,就可以停止转动开始读数了.放入待测物体时,要使螺杆中心线跟待测物的被测长度方向一致,读数时要注意防止读错整圈数.

(2) 在松开每个锁紧螺丝时,必须用手托住相应部分,以免其坠落和受冲击.

(3) 注意防止回程误差,由于螺丝和螺母不可能完全密合,螺旋转动方向改变时它的接触状态也改变,两次读数将不同,由此产生的误差叫回程误差.为防止此误差,测量时应向同一方向转动.

四、读数显微镜

读数显微镜是将显微镜和螺旋测微装置组合起来,用于测量长度的精密仪器.它主要用来测量微小的或不能用夹持仪器(如游标卡尺和螺旋测微器)测量的对象,如毛细管的内径、狭缝、干涉条纹的宽度等.读数显微镜的型号有很多,这里以JCD-Ⅱ型为例,其量程为 50 mm,最小分度为 0.01 mm.图 2.7 为读数显微镜的外形图.

在图 2.7 中,目镜 1 用锁紧圈 2 和锁紧螺钉 3 固紧于镜筒内,物镜 6 用丝扣拧入镜筒内,镜筒可用调焦手轮调节,使其上下移动而调焦.测量架上的方轴 13 可插入接头轴 14 的十字孔中,接头轴可在底座 11 内旋转.升降弹簧压片 7 插入底座孔中,用来固定待测件.反光镜 10 可用旋转手轮 9 转动.

显微镜与测微螺杆上的螺母套管相连,旋转测微鼓轮 15,就转动了测微螺杆,从而带动显微镜左右移动.测微螺杆的螺距为 1 mm,测微鼓轮圆周上刻有 100 个分格,分度值为 0.01 mm.读数方法类似于千分尺,毫米以上的读数从标尺 16 上读取,毫米以下的读数从测微鼓轮上读取.如图 2.8 所示,标尺读数为 29 mm,测微鼓轮读数为 0.726 mm,最后读数为 29.726 mm.

由于螺纹配合存在间隙,所以螺杆(由测微鼓轮带动)由正转到反转时必有空转,反之亦然.这种空转会造成读数误差,故测量过程中必须避免空回,应使测微鼓轮始终朝同一方向旋转时读数.

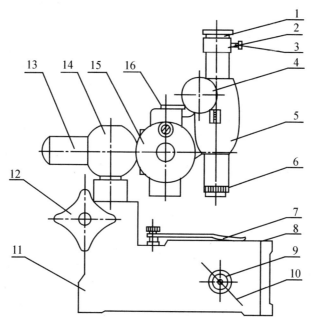

图 2.7 JCD-Ⅱ型读数显微镜外形图

1—目镜;2—锁紧圈;3—锁紧螺钉;4—调焦手轮;5—镜筒支架;6—物镜;
7—弹簧压片;8—台面玻璃;9—旋转手轮;10—反光镜;11—底座;12—旋手;
13—方轴;14—接头轴;15—测微鼓轮;16—标尺

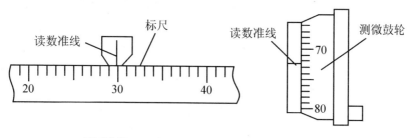

(a) 标尺读数:29.000 mm   (b) 测微鼓轮读数:0.726 mm

图 2.8 读数显微镜读数装置

读数显微镜使用方法如下:

(1) 利用工作台下面附有的反光镜,使显微镜有明亮的视场.

(2) 调节目镜,看清叉丝,调节叉丝方向,使其中的横丝平行于读数标尺,即平行于镜筒移动方向.

(3) 调节物镜.先从外部观察,降低物镜使待测物处于物镜下方中心,并尽量与物镜靠近.然后通过目镜观察,并通过调焦手轮使镜筒缓慢升高,直至待测物清晰地成像于叉丝平面.

(4) 消除视差.当眼睛上下或左右少许移动时,叉丝和待测物的像之间不应有相对移动,否则表示存在视差,说明它们不在同一平面内.此时,要反复调节目镜和物镜,直至视差消除.

(5) 读数.先让叉丝对准待测物上一点(或一条线),记下读数,注意这个读数反映的只是该点的坐标.转动测微鼓轮,使叉丝对准另一个点,记下读数,这两点间的距离就是两次读数之间的差值.读数时一定要防止空回.

做牛顿环实验时,由于用反射光的效果优于用透射光,故在物镜下方装有 45°反射镜,此时不要再用上述第(1)条,不要让反光镜反射的光射入镜筒.

测量显微镜的构造和工作原理与读数显微镜基本相同,但它的载物台除了能做横向移动外,还能做纵向移动以及转动.纵向移动的装置和读数方法与千分尺相同,转动的角度可通过度盘上的刻度(和游标)读出.

五、测微目镜

测微目镜通常作为光学精密计量仪器的附件.读数显微镜、各种测长仪、测微平行光管等仪器上,都会装有测微目镜.它也可以单独使用,其特点是测量范围小,而仪器误差限值比较小.

测微目镜种类有很多,这里主要介绍有螺旋测微装置的 MCU-15 型测微目镜,其量程为 8 mm,最小分度为 0.01 mm,图 2.9 为其结构原理图.目镜焦平面上的一块固定分划板上有 9 条刻线,形成 8 格,刻线间距为 1 mm,如图 2.10(a)所示.在其前方有一可移动的活动分划板,它随着鼓轮的转动而左右移动.活动分划板上刻有斜向交叉的十字叉丝及双线读数标记,如图 2.10(b)所示.鼓轮每转一圈,活动分划板移动 1 mm,鼓轮上有 100 等分的刻线,每格相当于 0.01 mm.毫米以上的读数在固定分划板上读出,如图 2.10(c)所示,为 3 mm;毫米以下的读数在鼓轮上读出,如图2.10(c)所示,为 0.437 mm,总读数为 3.437 mm.

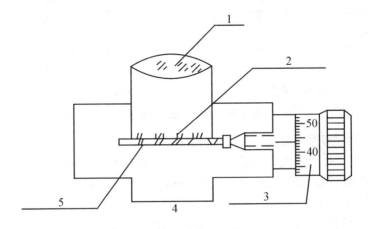

图 2.9　测微目镜原理结构图

1—目镜;2—固定分划板;3—测微器鼓轮;

4—防尘玻璃;5—活动分划板

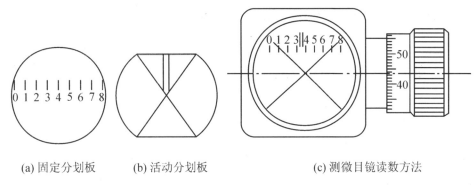

(a) 固定分划板　　　　(b) 活动分划板　　　　　　　　(c) 测微目镜读数方法

图 2.10　测微目镜分划板与读数法

六、微小长度的测量

在实验中我们经常会遇到一些变化量很小的问题. 如金属线胀系数的测量、杨氏模量的测量等实验中,都存在着如何测量微小伸长量的问题. 对于这类问题,常用的方法是放大法.

(一) 光杠杆法

光杠杆原理如图 2.11 所示.

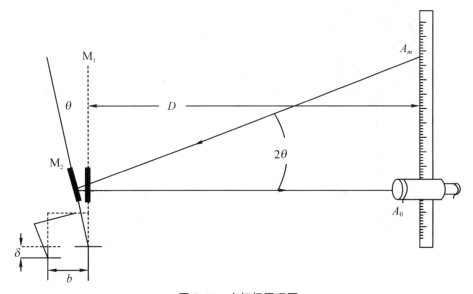

图 2.11　光杠杆原理图

整个测量系统是由标尺、望远镜和光杠杆 M 组成的. 当系统调节好后,光杠杆处于 M_1 的位置时,从望远镜中可以读到 A_0 处的数据. 当有微小伸长时,光杠杆处

于 M_2 的位置,这时可以从望远镜中读到 A_m 处的数据. 从图中的几何关系可以看出

$$\tan\theta = \frac{\delta}{b}, \quad \tan 2\theta = \frac{A_m - A_0}{D}$$

由于伸长量 δ 是一个微小量,则 θ 很小,所以有

$$\theta \simeq \frac{\delta}{b}, \quad 2\theta \simeq \frac{A_m - A_0}{D}$$

因此

$$\frac{\delta}{b} = \frac{A_m - A_0}{D}$$

这样就可测得微小伸长量

$$\delta = \frac{A_m - A_0}{2D}b$$

(二) 千分表

千分表也是一种测量微小长度变化的量具,其外形及内部结构如图 2.12 和图 2.13 所示. 外套管可用以固定千分表,测头等连接表盘中心的指针,当外套管被固定后,测头每被压缩 1 mm 时,指针就旋转过一圈,表盘上等分 100 小格.

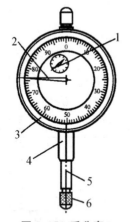 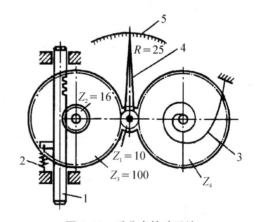

图 2.12　千分表
1—毫米指针;2—指针;3—表体;
4—装夹套筒;5—测杆;6—测头

图 2.13　千分表转动系统
1—测杆;2—弹簧;3—游丝;
4—指针;5—表盘

七、其他各种测量长度的仪器简介

测量长度的仪器种类较多,其结构和技术性能差别很大,每种仪器都有自身的特点、使用条件和应用范围. 由于大学物理实验中不都使用这些仪器,在这里不做详细介绍,仅列出一些测长仪器的名称、技术性能和特点,以供参考.

1. 线纹尺

标准线纹尺有线纹米尺和 200 mm 短尺两种. 线纹尺上刻度线的间距是测长的标准. 钢直尺、卷尺是最简单的线纹尺. 能直接读数的线纹尺的最小刻线的间距为 0.5 mm，更小的要靠游标或显微镜来读，显微镜下可读到 1 μm.

2. 线位移光栅

测量范围可达 1 m，还可接长. 分辨率为 1 μm 或 0.1 μm，甚至更高. 精度可达 0.5 μm/1 m.

在玻璃上刻划密集的平行条纹制成的透射光栅实际上是一种很密的尺. 用一小块光栅做指示光栅覆盖在主光栅上，中间留一小间隙，两光栅的刻线相交成一小角度，在近于光栅的垂直方向上出现条纹，称为莫尔条纹，指示光栅移动一小距离，莫尔条纹在垂直方向上移动一较大距离，通过光电计数可测出位移量，由于可自动化计量莫尔条纹的信号变化，并且莫尔条纹是由许多光栅刻线形成的，个别刻线的缺陷对条纹的影响很小，所以常用于精密测量.

3. 阿贝比长仪

测量范围为 $0 \sim 200$ mm；示值误差为 $\left(0.9 + \dfrac{L}{300 - 4H}\right)$ μm，其中 L(mm) 为被测长度，H(mm) 为离开工作台面的高度. 测量时与精密石英刻度尺比较长度.

4. 干涉装置

干涉装置测长，是利用两个相邻的干涉条纹在实际物体上对应位置的空间距作为测长的标准. 干涉计量的分辨能力很高，可达 0.01 μm. 常用的有单频激光干涉仪和双频激光干涉仪.

将激光作为光源，借助于一个光学干涉系统可将位移量转变成干涉条纹数目. 通过光电计数和电子计算机直接给出位移量，测量精度高，需要恒温防震等较好的环境条件. 量程一般可达 20 m，"双频"量程可达 60 m；分辨率一般可达 0.01 μm，测量不确定度在环境条件好时可达 1×10^{-7} m 以上，"双频"的还可优于 5×10^{-7} m，而分辨率最高可达纳米量级. "双频"与"单频"相比抗干扰能力强，环境条件要求低，但成本高.

5. 电感式测微仪、电容式测微仪、感应同步器、磁尺、电栅

这些测长量具都是根据物理量之间的各种定量函数关系，利用交换原理进行测长的仪器. 这些根据转换法而制造的测长仪器都具有高精度的特点，示值误差范围均达微米量级.

第二节　质量测量仪器

物体质量的测定是科研及实验中一个重要的物理基本量测定.称衡物体质量的仪器种类有很多,但大多数测量仪器是以杠杆定律为基础设计的,目前常用的仪器类型有双盘式天平、置换式天平、扭力天平、电子天平等.一般测量微小质量可用扭力天平,其测量灵敏度较高,能在整个测量范围内保持线性关系,该天平的称量范围为 $0.02\sim0.1\,g$,读数分度值为 $10^{-7}\sim10^{-8}\,g$.将现代电子技术用于天平上的电子天平,最大称衡量为 $1000\,g$,读数精度则可以达到 $0.01\,g$.

物理实验中常用天平来称衡物体的质量.它是根据杠杆原理制成的仪器,杠杆可分为等臂和不等臂两类,物理实验室中常用的是等臂天平.

实验室常用的天平分为物理天平、分析天平和精密天平三种.下面对物理天平和分析天平进行介绍.

一、物理天平

物理天平的结构如图 2.14 所示,天平横梁上有三个刀口,两侧的刀口向上,用以承挂左右秤盘;中间刀口可搁在立柱上部的刀承平面上,称衡时全部重量(包括横梁、秤盘、砝码、待测物)都由此刀口承担.横梁中部装有一根与之垂直的指针.立柱下部有一标尺,标尺上从左到右刻有等分刻度,通过指针在标尺上所指示的读数,可以了解天平是否达到平衡.在立柱内部装有制动器,而在底部有一制动旋钮,转动它可使刀承上下升降.平时应使刀承降下,让横梁搁在两个托承 A,A′上,仅在判断天平是否平衡时才使刀承上升.天平底座上附有水准器(图中未画出),托架 Q 的作用是为便利某些实验,例如用阿基米德原理测量非规则物体的体积等.调节重心螺丝的高低可以改变天平的灵敏度,它的位置越高,灵敏度也越高.出厂时重心、螺丝已调好,一般情况不宜调节.

(一)操作步骤

(1)水平调节.通过调节底脚螺丝 F 和 F′,使水准器气泡居中.此时立柱处于铅直方向,立柱上部的刀承面处于水平面,因此称衡时刀口不致滑移.

(2)零点调节.将游码 D 移至零位处,转动制动旋钮,使刀承上升托起刀口,横梁就会摆动,观察指针尖在标尺上的位置,如果不在标尺零点,应先制动,使刀承下降,然后调节横梁两边的平衡螺母 E 和 E′的位置.再启动横梁,观察指针位置……直至指针摆动时其中心位于标尺零点为止.最后仍须制动,使刀承和横梁下降.

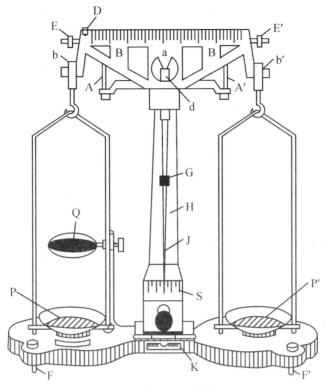

图 2.14 物理天平结构图

（3）称量．一般采用直接称量法．待测物放在左盘，砝码放在右盘．挪动或放置砝码时应使用专用的镊子，不允许直接用手拿．选用砝码的次序应遵循由大到小、逐个试用、逐次逼近的原则，直至最后利用游码使天平平衡．加减砝码和移动游码时，均须先将横梁和刀承降下．

（4）读数．由砝码盒中取出砝码时，须数读一次总值，由秤盘取下砝码放回砝码盒时再数读一次，核对两次读数，以免出现差错．称衡结束，应降下刀承，使横梁固定不动；将秤盘从两端刀口取下，挂在横梁刀口的边上；砝码要全部归入砝码盒；游码应移至左边零刻线处．

（二）维护方法

（1）天平的负载量不得超过其最大称量值，以免损坏刀口或横梁．

（2）为了避免刀口受冲击而损坏，在取放物体、取放砝码、调节平衡螺母以及不使用天平时，都必须使天平制动．只有在判断天平是否平衡时才将天平启动．天平启动或制动时，旋转制动旋钮动作要轻．

（3）砝码不能用手直接取拿，只能用镊子间接夹取．从秤盘上取下后应立即放入砝码盒中．

（4）天平的各部分以及砝码都要防锈、防腐蚀,高温物体以及有腐蚀性的化学药品不得直接放在盘内称量.

（5）称量完毕将制动旋钮左旋转,放下横梁,保护刀口.

二、分析天平

分析天平比物理天平更为精密,现以电光分析天平为例做介绍,其结构如图 2.15 所示.

电光分析天平在使用 1 g 以下的砝码时,使用圈型砝码和光标.称衡时,只要转动机械加码装置的指示旋钮,就能增减圈形砝码,变化范围为 10～990 mg.此外,在天平的指针下部有一透明标尺(在投影屏后面),标尺均匀分成 100 个小格,每一分度代表 0.1 mg,总共代表 10 mg.为了方便地读出 10 mg 以下的数值,另设有光学投影读数装置,使透明标尺刻线经光学系统放大、反射后,投影在显示屏(亦称投影屏)上.显示屏中央有一条准线,以指示读数.光标读数利用了在很小范围内秤盘中物体的质量变化与指针偏转格数成正比的原理,这种测量方法称为偏转法,所以电光分析天平是将零示法与偏转法两者结合起来进行称衡的.阻尼装置的作用是使天平横梁在称衡时的摆动能够很快地停下来.

使用程序如下：

（1）调水平.

（2）调零点.

（3）检查分度值.将圈形砝码增加 10 mg,核对是否与投影屏上的光学投影读数值相符.若相差较多,应调节重心螺母位置,但零点也必须重新调整.

（4）称衡.

（5）读数.1 g 以上的数由盘内砝码值决定,1 g 以下的数由指数盘(加码旋钮)的指示值和显示屏上的数值得出.

使用分析天平需注意以下几点:分析天平是放在玻璃框罩内的,操作者不能直接接触天平装置;如需调零,必须戴手套操作,调节平衡螺母等物;旋转制动旋钮必须缓慢小心;放置砝码后启动横梁时不能将制动旋钮拧放到底,只需拧放到恰能判别指针朝哪边偏转即可;观察天平是否平衡时,应将玻璃框罩的门关好,以防空气对流,影响称衡;取放物体和砝码时,一般使用框罩侧门,尽量不使用前门.

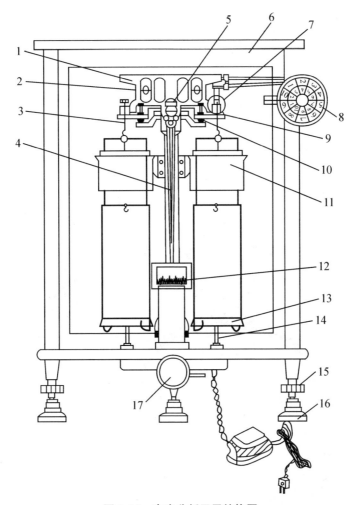

图 2.15　电光分析天平结构图

1—横梁；2—平衡砣；3—吊耳；4—指针；5—支点刀；6—框罩；7—圈形砝码；

8—指数盘；9—支力销；10—折叶；11—阻尼内筒；12—投影屏；13—秤盘；

14—托盘；15—螺旋角；16—垫脚；17—制动旋钮

第三节　时间测量仪器

时间是重要的基本物理量之一，许多物理量的测量都归结为时间的测量. 它是一种能用周期性的物理现象来观察和测量的物理量，对周期性信号（谐振器和振荡器）的频率测量与时间测量是等价的. 因此，时间的测量在现代科技、工农业、国防等领域以及物理实验中有着重要的地位. 计量技术、激光测距、测速、制导、卫星的发射或回收等都离不开时间的测量.物理实验中的刚体转动惯量测定、单摆周期的测定、物体运动的速度和加速度的测定、示波器实验等都离不开时间的测量.

常用的计时仪器有秒表(机械式或电子式)、数字毫秒计、原子钟等.下面简要介绍几种时间测量仪器.

一、秒表

秒表有各种规格,它们的构造和使用方法略有不同.一般的秒表有两个针,长针是秒针,每转一圈是 30 s;短针是分针,表面上的数字分别是秒和分的数值,如图 2.16所示.这种秒表的分度值是 0.1 s,还有一圈表示 60 s,10 s,3 s 的秒表.

图 2.16　机械秒表

秒表上端有柄头,用于旋紧发条和控制秒表的走动和停止.使用前先上发条,但不宜上得过紧,以免发条受损.测量时用手握住秒表,将柄头置于大拇指的关节下,并预先用平稳的力将其稍稍按压住,当计时开始时,突然用力将其按下,秒表便开始走动,当需要秒表停止时,可依上述方法再按一下.第三次再按时,秒针和分针都弹回零点.也有一些秒表用不同的柄头或键钮分别控制走动、停止和回复.

如果秒表不准,会给测量带来系统误差.秒表太快,测出的周期一定偏大.为了减少系统误差,要对秒表进行校准,例如用数字毫秒计作为标准计时器来校准秒表.如果秒表读数为 t_1,数字毫秒计相应读数为 t_2,则校准系数

$$C = \frac{t_2}{t_1}$$

当实验测得秒表读数 t' 时,真正的时间应为 Ct'. 秒表不估读.

使用秒表时要注意:

(1) 使用前应先检查零点是否准确. 若不准确,要记下初读数,并对读数做修正.

(2) 实验中切勿摔碰,以免震坏.

(3) 实验完毕,应让秒表继续走动,使发条完全放松.

二、电子秒表

电子秒表是一种比较精密的电子计时仪器,其机芯全部由电子元件组成,利用石英振荡频率作为时间基准,常用 6 位液晶显示器显示,电源常为纽扣式电池. 下面以 SE7-1 型电子秒表为例做介绍.

石英晶体振荡频率为 32.768 kHz;平均日差小于 ± 0.5 s;最小测定值为 0.01 s;带有计时计历功能,可显示时、分、秒、月、日、星期;当把它作为秒表时,具有秒表基本显示、累加计时、取样和分段计时等功能. 其外形如图 2.17 所示. 各旋钮作用如下:① S_1 钮:启动/停止、调整、计时/计历. ② S_2 钮:调整位置. ③ S_3 钮:状态选择、分段计时/复位.

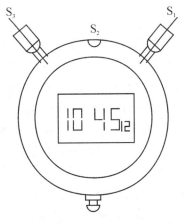

平时电子秒表处于计时状态,按住 S_1 钮 3 s 则进入秒表功能,若继续按住 S_1 钮 3 s 则又回到计时功能.

图 2.17　SE7-1 型电子秒表外形图

电子秒表的用途如下:

(1) 秒表的基本显示. 和机械秒表一样,当用 S_1 使其处于秒表状态时,计秒时应先按 S_1 使其复零,再按 S_1 开始计秒,计秒结束时再按一下 S_1.

(2) 累加计时. 按 S_1 开始计秒,再按 S_1 计秒停止,若按一下 S_3 则开始累加计时,如此可以重复累加.

(3) 取样. 按 S_1 开始计秒后,若按一下 S_3,显示的数字停住不动,但显示器的"冒号"仍在闪动,表示表仍在计时. 这时读出的时间即取样时间,显示器的右上角有记号标志此状态. 若要取消该记号,再按一下 S_3 即可. 若要还原到计时状态,按 S_3 3 s.

(4) 分段计时. 可以用一块表同时计两个时间,例如甲、乙两人的赛跑成绩. 按 S_1 开始计秒后,甲到终点时按 S_3,显示情况同前,此即甲的成绩. 乙到终点时再按 S_1,成绩也记下了,但未显示,按 S_3 可使其显示出来. 再按 S_3 可复零.

三、原子钟

显示时间或频率准确度最高的是原子钟. 目前,铯原子钟的准确度已达 10^{-14} s 量级,我国的长波授时台用的氢原子钟稳定度已接近 10^{-15} s/h,相当于 300 万年才差一秒,国内商品化的铷原子钟的计时长期稳定度已达 10^{-11} 秒/月. 原子钟的工作原理是利用微观的原子或分子能级之间的跃迁,产生高准确度和高稳定的周期振荡,输出一定的参考频率,控制石英晶体振荡器,使它锁定在一定频率上. 由受控的石英晶体振荡器输出的高稳定频率信号再经放大、分频、门控电路到数显电路,显示出时间或频率.

第四节　温度测量仪器

温度测量是热力学重要的基本测量之一. 它是通过测量物质的某一种随冷热程度而呈单值变化的物理性质来实现的,或者说温度的测量是测温度之差. 热力学温度的单位为开尔文,以符号 K 表示. 也可用 $t = T - T_0$ 定义摄氏温度,用℃表示. 式中 T_0 是水的冰点的热力学温度,即 $T_0 = 273.15$ K,它与水三相点(固相、液相、气相)的热力学温度相差 0.01 K,即水三相点的温度为 273.16 K.

测量温度的仪器种类有很多,如液体温度计、气体温度计、声学温度计、噪声温度计、磁温度计、穆斯堡尔效应温度计等. 测量方法也有很多,如热电法测温、电阻法测温、辐射法测温以及目前正在研究的激光干涉法测温等.

液体温度计是一种常用的测温仪器,结构简单,价格低廉,使用方便,但测量准确度不太高,一般测量范围在 $-30 \sim 300$ ℃;气体温度计测温范围广,准确度高,但使用起来不太方便;电阻温度计常用于测量低温,测量准确度高,常用的有锗和碳温度计,其测量范围在 $1 \sim 20$ K;杆式铂电阻温度计,测量范围在 $90 \sim 903$ K. 另外,近些年来发展了由康铜敏感元件、超导材料等制成的温度计. 热电法测温目前应用比较普遍,其测量准确度和灵敏度都较高,且又能直接把温度量转换成电学量,尤其适用于自动控制和自动测量. 采用两种不同的金属材料(热电偶),测温范围可从 73 K 到几千开. 如铜-康铜热电偶的测温范围为 $73 \sim 623$ K,铂-铑热电偶的测温范围为 $273 \sim 1873$ K,在 2000 K 以上温度测量可采用钨-钨铼热电偶等. 下面简要介绍几种常用的测温仪器.

一、玻璃液体温度计

常用的感温液体材料有水银、酒精、甲苯、煤油等,其中以水银应用最广. 水银作为感温材料有许多优点:不浸润玻璃,膨胀系数变化很小,测温范围广(在标准大气压下,水银在$-38.37\sim356.58\ ℃$范围都保持液态)等.

玻璃水银温度计可分为标准用、实验室用和工业用三种.标准用玻璃水银温度计组总测温范围为$-30\sim300\ ℃$,最小分度可做到$0.05\ ℃$;实验室用玻璃水银温度计组总测温范围也为$-30\sim300\ ℃$,分度值为$0.1\ ℃$和$0.2\ ℃$;工业用玻璃水银温度计测温范围分$0\sim50\ ℃$、$0\sim100\ ℃$、$0\sim150\ ℃$等多种,分度值一般为$1\ ℃$,物理实验中也常使用这种温度计,读数时一般应估读一位.

二、热电偶温度计

(一) 结构原理

热电偶亦称温差电偶,是由 A,B 两种不同成分的金属或合金彼此紧密接触形成一个闭合回路而组成的,如图 2.18 所示.当两个接点处于不同的温度 t 和 t_0 时,在回路中就有直流电动势产生,该电动势称为温差电动势或热电动势.它的大小与组成热电偶的两种金属(或合金)的材料、热端温度 t 和冷端温度 t_0 这三个因素有关.$t-t_0$ 越大,温差电动势也越大.一般可使 t_0 保持某一恒定值,例如 $0\ ℃$,这样就可以根据温差电动势的大小来确定热端的温度 t 了.可以证明,在 A,B 两种金属之间插入第三种金属 C,且它与 A,B 的两连接点处于同一温度 t_0(图 2.19)时,该闭合回路的温差电动势与只有 A,B 组成回路时的数值完全相同.所以我们把两根不同成分的金属丝的一端焊在一起,构成热电偶的热端(工作端);将它们各自的另一端分别与铜引线(金属 C)焊接,构成两个温度相同的冷端,两铜引线的另一端接至测量直流电动势的仪表,这样就组成了一个热电偶温度计,如图 2.20(a) 所示.如果两种金属中有一种是铜,例如常用的铜-康铜热电偶,则情况可简化成图 2.20(b).

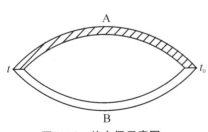

图 2.18　热电偶示意图

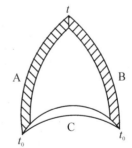

图 2.19　存在第三种金属时的热电偶

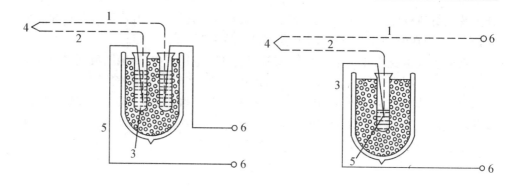

(a) 一般情况

1—金属丝 A；2—金属丝 B；

3—冷端接头；4—被测温度接头；

5—铜引线；6—电位差计或毫伏计接头

(b) 铜-康铜热电偶温度计

1—铜线；2—康铜线；

3—铜线；4—被测温度接头；

5—冷端接头；6—电位差计接头

图 2.20 热电偶温度计

（二）使用方法

1. 热电偶的校准

通常用比较法或定点法对热电偶进行校准. 比较法是将待校热电偶的热端与标准温度计同时直接插入恒温槽的恒温区内，改变槽内介质的温度，每隔一定温度观测一次它们的示值，直接用比较方法对热电偶进行校准；定点法是利用某些纯物质相平衡时温度唯一确定的特点（如水的沸点等），测出热电偶在这些固定点的电动势，然后根据温差电动势的表达式

$$\varepsilon = a(t - t_0) + b(t - t_0)^2 + c(t - t_0)^3 \tag{2-1}$$

解出各常数 a, b, c 的值，然后就能确定温差电动势与温度之间的函数关系了. 在要求不高时，可用式(2-1)的一级近似式

$$\varepsilon = a(t - t_0) \tag{2-2}$$

确定 ε 和 t 之间的函数关系.

2. 测量温差电动势的仪器

通常需用电位差计来测量温差电动势. 在某些要求不太高的场合，也可用毫伏表进行测量.

三、电阻温度计

利用纯金属、合金或半导体的电阻随温度变化这一特征来测温的温度计称为电阻温度计. 目前，大量使用的电阻温度计的感温元件有铂、铜、镍、锗、碳和热敏电阻等.

热敏电阻的温度系数比金属材料大得多，所以提高了测温的灵敏度，同时由于热敏电阻的体积小,探头可以做得很小,热容量也很小,使测量精度提高,测量时间缩短,因此其应用越来越广泛,但它的稳定性差些.

第五节　常用的电磁学仪器

一、电流测量仪器

在 SI(国际单位制)中,电流强度的单位是安培,记作 A,它是 SI 七个基本单位之一.根据定义,若保持在真空中相距 1 m 的两根无限长而圆截面可忽略的平行直导线中通以等量恒定电流时,两导线之间产生的力在每米长度上等于 2×10^{-7} N,则每根导线中的电流为 1 A.

在电磁学实验中,也经常涉及电流的测量.电流表是一种使用极为广泛的仪表,将它加以适当的改装,还可以用来测量电压、电阻、功率等等.为此我们先对电表做一简单介绍.

(一) 分类

电表种类繁多,分类方法也有很多,常见的有以下几种分类法:

(1) 按结构原理,主要可分为磁电系、电磁系、电动系、整流系、感应系、热电系、静电系和电子系.大学物理实验中最常用的是磁电系仪表.

(2) 按被测量的单位或名称,主要可分为电流表(包括安培表、毫安表和微安表)、电压表(包括伏特表、毫伏表等)、欧姆表、兆欧表、万用表、功率表、频率表、功率因数表等.

(3) 按使用方式,可分为安装式和可携式,前者准确度通常在 1.0 级以下,后者准确度通常在 0.5 级以上.

(4) 按工作电流,可分为直流电表、交流电表和交直流两用电表.

(5) 按准确度等级,共分为 0.1,0.2,0.5,1.0,1.5,2.5 和 5.0 等七级.

(二) 电表表盘上的符号

电表的表盘上画有很多标志符号,它们表示该仪表的各项基本特性.表 2.1 是表盘上的若干符号.

表 2.1　电表表盘上的若干符号

⌂	磁电系仪表	⌂▷	整流系仪表
⊐(→)	水平放置	⊥(↑)	垂直放置
☆2 (⩘ 2 kV)	两千伏绝缘实验	Ⅱ	二级防外磁场
2.5	量程百分数表示的等级	(2.5)	指示值百分数表示的等级
∨2.5	标度尺长百分数表示的等级	△B	B组仪表，−20～+50 ℃工作

（三）磁电系仪表

磁电系仪表是应用最广泛的一类电表,它可以直接测量直流电流和电压,如果加上变换器也可以测量交流电流和电压,当采用特殊结构时还可以构成灵敏度极高的检流计.

1. 结构与工作原理

磁电系仪表的结构如图 2.21 所示.永久磁铁 1 两端各有一个半圆形极掌 2,构成两个磁极,在两极掌空腔中有圆柱形铁芯 3,使极掌和圆柱形铁芯间的空气隙产生均匀辐射状的强磁场.矩形铝框上是由细导线绕制的活动线圈 4,动圈两端各连接一个半轴 5,轴尖支承在宝石轴承里,使动圈可以在空气隙中自由转动.指针 6 固定在上半轴上.游丝 7 产生反作用力矩,高灵敏度的仪表也可以用张丝或吊丝.游丝的内端固定在转轴上,外端固定在仪表内部支架上.一块仪表中通常有两根游丝,其螺旋方向相反,当动圈转动时,游丝被扭转变形.当被测电流增大时,转动力矩增大,指针转角增大,游丝形变增大,产生的反作用力矩也增大.两根游丝还兼做把被测电流引入和引出动圈的引线.机械零点调节器 8 借助于表壳外裸露的螺丝调节机械零点.平衡锤 9 用于调节可动部分的机械平衡.

磁电系仪表的阻尼力矩由闭合的铝框产生.当动圈运动时,铝框架中产生感生电流,从而产生阻尼力矩,其作用是使动圈和指针尽快地达到平衡位置.

载流线圈在磁场中受力矩 M 的大小与磁感应强度 B、电流 I、线圈面积 A、线圈匝数 N 成正比:

$$M = BNAI$$

当指针偏转 α 角时,反作用力矩为

$$M_\alpha = D\alpha$$

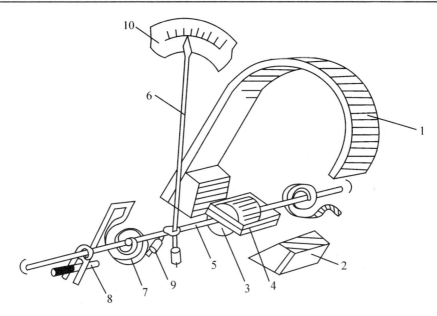

图 2.21 磁电系仪表结构示意图

1—永久磁铁；2—极掌；3—圆柱形铁芯；4—动圈；5—半轴；6—指针；

7—游丝；8—调零器；9—平衡锤；10—刻度盘

其中 D 是游丝的扭转系数. 当两者平衡时，

$$D\alpha = BNAI$$

$$\alpha = \frac{BNAI}{D} = S_I I$$

可见偏转角度 α 与 I 成正比，故磁电系仪表表盘刻度均匀，其中

$$S_I = \frac{BNA}{D}$$

称为电流灵敏度. 如果仪表内阻为 R_g，则仪表指针和动圈的偏转就与加在仪表两端的电压 U 有关：

$$\alpha = S_I \frac{U}{R_g} = S_U U$$

式中，$S_U = \frac{S_I}{R}$ 称为电压灵敏度.

根据磁电系仪表的结构和工作原理，可以看出磁电系仪表的主要优点有：准确度高，可以达到 0.1 级甚至更高；灵敏度高；仪表消耗的功率小；刻度均匀. 它的不足之处有：过载能力低；直接测量的只能是直流电；结构比较复杂，而且成本较高.

2. 磁电系电流表和电压表

直接使用磁电系测量机构只能做成微安表或毫安表，表头可承受的电压一般也只在毫伏量级. 如果要测量较大的电流，可以采用分流器；如果要测量较大的电压，可以采用分压器.

3. 仪表的正确使用与合理选择

（1）使用磁电系仪表应注意：

① 只能在直流电路中使用，注意电表的极性，不能接反．

② 要调好机械零点．

③ 使用仪表应使其处在规定位置，如水平放置、垂直放置等．

④ 读数时视线要垂直于表盘，避免视差，盘面有指针反射镜的仪表，读数时应使刻度线、指针和指针在反射镜中的像成一线．

（2）选择仪表时应考虑下述因素：

① 要按被测量值的大小选择合适量程的电表．在一般的测量中，应使被测量值的范围处在仪表测量上限和不低于测量上限 2/3 内．

② 要按被测量实际要求合理选择仪表的准确度级别．在保证测量结果准确度的前提下，不必追求更高准确度的仪表，一般使仪表带入的不确定度小于或等于被测量允许不确定度的 1/3～1/5 即可．

③ 要根据被测对象内阻的大小来正确选择仪表．电压表的内阻越大，内阻造成的测量误差越小；电流表的内阻越小，内阻造成的测量误差也越小．

二、电压测量仪器

电压也称电位差、电势差，在 SI 中电压的单位是伏特，记作 V，是电磁学的重要导出单位．它的定义是：当载有 1 A 恒定电流的导线两点间消耗的功率为 1 W 时，这两点间的电压为 1 V．许多实验和工程技术测试中都会遇到电压的测量．

实验中常用电压表来测量电压，电压表可以由电流表改装而成，目前常用数字电压表来测量电压．国内外生产的数字电压表的型号有很多，其说明书对数字电压表的操作、调整方法和技术指标都有比较明确的规定，理解了这些规定，才能正确选用数字电压表．下面我们将对数字电压表的主要技术性能做一简单介绍．

（一）测量范围

测量范围是指测量能够测到的被测量的范围．一般数字电压表都是多量程，而各量程均有自己的测量范围，从最低量程的零到最高量程的满度值是数字电压表的测量范围．数字电压表还有正负号显示，可以测正或者负的直流电压．不同量程对应的输入阻抗和误差大小也不相同．

（二）量程

量程是指在不需要改变极性或显示倍乘系数（如小数点位置和单位）的情况下，能够测量输入电压的一个连续范围．各量程有效范围上限的绝对值，也就是某量程上满足额定准确度的最大电压，称作某量程的满度值，通常称为满量程．

1. 基本量程

在数字电压表的输入电路中被测电压不需要衰减及放大的量程为基本量程. 基本量程的测量误差最小,输入阻抗一般也是最高的.

2. 非基本量程

除去基本量程以外,所有加放大器和衰减器的量程统称作非基本量程. 放大量程的被测电压低于基本量程,它是采用前置放大器将输入的电压信号放大到一定数值再加到 A/D 变换器中;分压量程输入的被测电压高于基本量程,是采用分压器将被测电压分压,得到与基本量程相符的电压后加到 A/D 变换器中. 非基本量程的误差包含基本量程的误差和放大器或分压器的误差,其误差比基本量程大,而输入阻抗比基本量程低.

3. 超量程

超量程是指在一个量程从满度值增加到能显示出来的最大值的电压范围.

4. 自动量程

自动量程是指随着输入电压变化不需手动改变量程开关,由仪表内部自动切换的量程. 具有自动量程的数字电压表,测量安全迅速,能实现自动化测量. 现在生产的数字电压表均具有自动量程.

(三) 分辨力

数字电压表能够读取显示值的被测电压的最小变化值,也就是使显示器上末位跳一个字所需的输入电压值称为分辨力. 在不同的量程上有不同的分辨力,最低量程上的分辨力最高,通常把最低量程的分辨力作为数字电压表的分辨力.

(四) 灵敏度

显示器的变化量与输入变化量之比称作仪表灵敏度,最低量程的灵敏度最高.

(五) 输入阻抗和零电流

输入阻抗是指数字电压表在工作状态下,从输入端看去的输入电路的等效阻抗. 它等于输入电压的变化量与相应的输入电流变化量之比.

零电流就是输入偏置电流,它是仪表内部引起的输入电路中流入或流出的一种电流,该电流值与输入信号电压大小无关,即使输入端短路,该电流也同样存在.

(六) 显示能力和显示位数

每一位的数码显示能否按照它的字码做连续变化称为显示能力. 能够显示 0~9 这十个数字的位称为满位,否则称半位或 1/2 位.

(七) 测量速度

测量速度是指单位时间内以规定准确度完成的最大测量次数,也就是仪表每秒钟能显示的次数.

（八）响应时间

响应时间是指从输入电压突变的瞬间到满足准确度的新的稳定显示值之间的时间间隔,一般分为阶跃响应时间、极性响应时间、量程响应时间.

三、滑线变阻器

滑线变阻器是将电阻丝均匀绕在绝缘瓷管上制成的.它有两个固定的接线端,并有一滑动端可在电阻线圈上滑动.在线路中常用它作为可变电阻值的串联电阻器或组成分压电路,分别起控制电流或调节电压的作用.

变阻器的主要规格是电阻值和额定电流.电阻值指整个变阻器的总电阻.额定电流即变阻器允许通过的最大电流.使用时通常应根据外接负载来选用规格适当(即阻值和额定电流均合适)的变阻器.

四、电阻箱

电阻箱一般是由电阻温度系数较小的锰铜线绕制的精密电阻串联而成的,通过十进位旋钮可使阻值改变.电阻箱的主要规格是总电阻、额定电流(或额定功率)和准确度等级.如实验室常用的 ZX21 型 6 位十进式电阻箱,它的 6 个旋钮下的电阻全部使用上则总电阻为 99999.9 Ω.如果只需要 0.1~0.9 Ω(或 9.9 Ω)的阻值变化,则应该接"0"和"0.9 Ω"(或"9.9 Ω")两接线柱,这样可避免电阻箱其余部分的接触电阻和导线电阻对低电阻带来的不可忽略的误差.

有些电阻箱或变阻器上只标明了额定功率 P,其额定电流可用公式 $I = (P/R)^{1/2}$ 算出.

五、示波器

不论何种型号和规格的示波器都包括了如图 2.22 所示的几个基本组成部分:示波管(又称阴极射线管,cathode ray tube,简称 CRT)、垂直放大电路(Y 放大)、水平放大电路(X 放大)、扫描信号发生电路(锯齿波发生器)、自检标准信号发生电路(自检信号)、触发同步电路、电源等.

（一）示波管的基本结构

示波管的基本结构如图 2.23 所示,主要由电子枪、偏转系统和荧光屏三部分组成,全都密封在玻璃壳休内,里面抽成高真空.

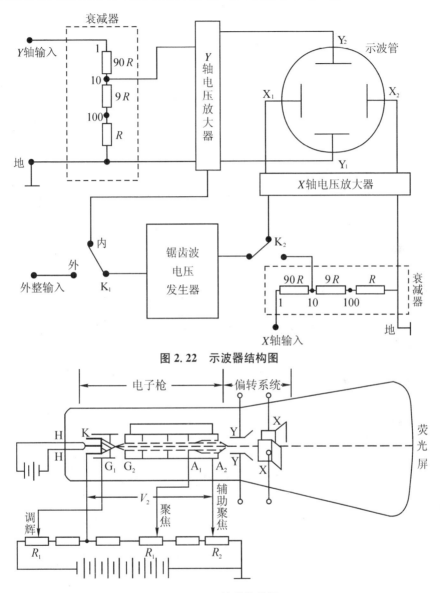

图 2.22　示波器结构图

图 2.23　示波管结构图

H—灯丝；K—阴极；G$_1$，G$_2$—控制栅极；A$_1$—第一阳极；

A$_2$—第二阳极；Y—竖直偏转板；X—水平偏转板

1. 电子枪

电子枪由灯丝、阴极、控制栅极、第一阳极和第二阳极五部分组成.灯丝通电后加热阴极.阴极是一个表面涂有氧化物的金属圆筒,被加热后发射电子.控制栅极是一个顶端有小孔的圆筒,套在阴极外面.它的电位比阴极低,对阴极发射出来的电子起控制作用,只有初速度较大的电子才能穿过栅极顶端的小孔,然后在阳极加速下奔向荧光屏.示波器面板上的"辉度"调整就是通过调节电位以控制射向荧光屏的电子流密度,从而改变了屏上的光斑亮度.阳极电位比阴极电位高很多,电子被它们之间的电场加速形成射线.当控制栅极、第一阳极与第二阳极之间电位调节合适时,电子枪内的电场对电子射线有聚集作用,所以,第一阳极也称聚集阳极.第二阳极电位更高,又称加速阳极.面板上的"聚集"调节,就是调第一阳极电位,使荧光屏上的光斑成为明亮、清晰的小圆点.有的示波器还有"辅助聚集",实际是调节第二阳极电位.

2. 偏转系统

偏转系统由两对互相垂直的偏转板组成:一对竖直偏转板,一对水平偏转板.在偏转板上加以适当电压,电子束通过时,其运动方向发生偏转,从而使电子束在荧光屏上产生的光斑位置也发生改变.

3. 荧光屏

屏上涂有荧光粉,电子打上去它就发光,形成光斑.不同材料的荧光粉发光的颜色不同,发光过程的延续时间(一般称为余辉时间)也不同.荧光屏前有一块透明的、带刻度的坐标板,供测定光点的位置用.在性能较好的示波管中,将刻度线直接刻在荧光屏玻璃内表面上,使之与荧光粉紧贴在一起以消除视差,光点位置可测得更准.

(二)波形显示原理

1. 仅在垂直偏转板(Y偏转板)加一正弦交变电压

如果仅在 Y 偏转板加一正弦交变电压,则电子束所产生的亮点随电压的变化在 y 方向来回运动,如果电压频率较高,由于人眼的视觉暂留现象,则看到的是一条竖直亮线,其长度与正弦信号电压的峰-峰值成正比,如图 2.24 所示.

2. 仅在水平偏转板加一扫描(锯齿)电压

为了能使 y 方向所加的随时间 t 变化的信号电压 $u_y(t)$ 在空间展开,需在水平方向形成一时间轴.这一 t 轴可通过在水平偏转板加一如图 2.25 所示的锯齿电压 $u_x(t)$,由于该电压在 $0\sim1$ s 时间内随时间成线性关系达到最大值,使电子束在屏上产生的亮点随时间线性水平移动,最后到达屏的最右端.在 $1\sim2$ s 时间内(最理想的情况是该时间为零)u_x 突然回到起点(即亮点回到屏的最左端).如此重复变化,若频率足够高的话,则在屏上形成一条如图 2.25 所示的水平亮线,即 t 轴.

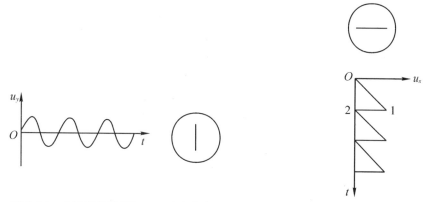

图 2.24 在垂直偏转板加一正弦交变电压   图 2.25 在水平偏转板加一扫描(锯齿)电压

3. 常规显示波形

如果在 Y 偏转板加一正弦电压(实际上任何所想观察的波形均可),同时在 X 偏转板加一锯齿电压,电子束受竖直、水平两个方向的力的作用,电子的运动是两个相互垂直运动的合成. 当两个电压周期具有合适的关系时,在荧光屏上将能显示所加正弦电压完整周期的波形图,如图 2.26 所示.

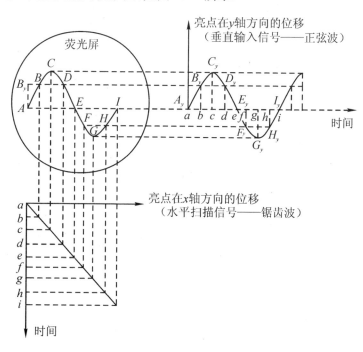

图 2.26 波形显示原理图

（三）同步原理

1. 同步的概念

为了显示如图 2.26 所示的稳定图形，只有保证正弦波到 I_y 点时，锯齿波正好到 I_x 点，亮点扫完一个周期的正弦曲线. 由于锯齿波这时马上复原，所以亮点又回到 A 点，再次重复这一过程，光点所画的轨迹和第一周期的完全重合，所以在屏上显示出一个稳定的波形，这就是所谓的同步.

由此可知同步的一般条件为

$$T_x = nT_y \quad (n = 1, 2, 3, \cdots)$$

式中，T_x 为锯齿波周期；T_y 为正弦周期. 若 $n=3$，则能在屏上显示出三个完整周期的波形.

如果正弦波和锯齿波电压的周期稍微不同，屏上出现的是移动着的不稳定图形. 这个情形可用图 2.27 说明. 设锯齿波形电压的周期 T_x 比正弦波电压的周期 T_y 稍小，比方说 $T_x = nT_y(n=7/8)$. 在第一扫描周期内，屏上显示正弦信号 0～4 点之间的曲线段；在第二周期内，显示 4～8 点之间的曲线段，起点在 4 处；第三周期内，显示 8～11 点之间的曲线段，起点在 8 处. 这样，屏上显示的波形每次都不重叠，好像波形在向右移动. 同理，如果 T_x 比 T_y 稍大，则好像在向左移动. 以上描述的情况在示波器使用过程中经常会出现. 这是扫描电压的周期与被测信号的周期不相等或不成整数倍，以致每次扫描开始时波形曲线上的起点均不一样所造成的.

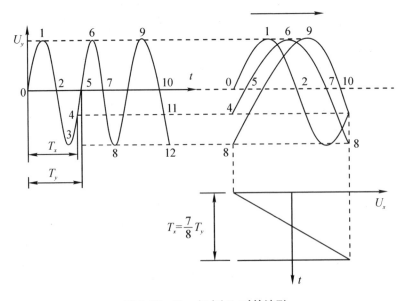

图 2.27 $T_x = (7/8)T_y$ 时的波形

2. 手动同步的调节

为了获得一定数量的稳定波形,示波器设有"扫描周期""扫描微调"旋钮,用来调节锯齿波电压的周期 T_x(或频率 f_x),使之与被测信号的周期 T_y(或频率 f_y)成整数倍关系,从而在示波器屏上得到所需数目的完整被测波形.

3. 自动触发同步调节

输入 y 轴的被测信号与示波器内部的锯齿波电压是相互独立的. 由于环境或其他因素的影响,它们的周期(或频率)可能发生微小的改变. 这时虽通过调节扫描旋钮使它们之间的周期满足整数倍关系,但过了一会儿可能又会变,使波形无法稳定下来. 这在观察高频信号时尤其明显. 为此,示波器内设有触发同步电路,它从垂直放大电路中取出部分待测信号,输入到扫描发生器,迫使锯齿波与待测信号同步,称为"内同步". 操作时,首先使示波器水平扫描处于待触发状态,然后使用"电平"(Level)旋钮,改变触发电压大小,当待测信号电压上升到触发电平时,扫描发生器才开始扫描. 若同步信号是从仪器外部输入的,则称"外同步".

(四)李萨如图形的原理

如果示波器的 X 和 Y 输入是频率相同或成简单整数比的两个正弦电压,则屏上将呈现特殊的光点轨迹,这种轨迹图称为李萨如图. 图 2.28 所示的为 $f_y : f_x = 2 : 1$ 的李萨如图形. 频率比不同将形成不同的李萨如图形. 图 2.29 所示的是频率比成简单整数比值的几组李萨如图形. 从中可总结出如下规律:如果做一个限制光点 x, y 方向变化范围的假想方框,则图形与此框相切时,横边上的切点数 n_x 与竖边上的切点数 n_y 之比恰好等于 Y 和 X 输入的两正弦信号的频率之比,即 $f_y : f_x = n_x : n_y$. 但若出现图(b)或(f)所示的图形,有端点与假想边框相接时,应把一个端点计为 1/2 个切点. 所以利用李萨如图形能方便地比较两个正弦信号的频率. 若已知其中一个信号的频率,数出图上的切点数 n_x 和 n_y,便可算出另一个待测信号的频率.

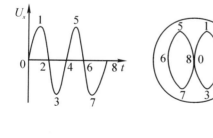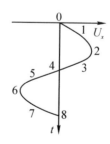

图 2.28　$f_y : f_x = 2 : 1$ 的李萨如图形

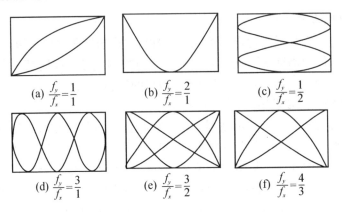

(a) $\dfrac{f_y}{f_x}=\dfrac{1}{1}$ (b) $\dfrac{f_y}{f_x}=\dfrac{2}{1}$ (c) $\dfrac{f_y}{f_x}=\dfrac{1}{2}$

(d) $\dfrac{f_y}{f_x}=\dfrac{3}{1}$ (e) $\dfrac{f_y}{f_x}=\dfrac{3}{2}$ (f) $\dfrac{f_y}{f_x}=\dfrac{4}{3}$

图 2.29　$f_y : f_x = n_x : n_y$ 的几种李萨如图形

六、电磁学实验接线规则

1. 合理安排仪器

接线时必须有正确的线路图.参照线路图,通常把需要经常操作的仪器放在近处,需要读数的仪表放在眼前,根据走线合理、操作方便、实验安全的原则布置仪器.

2. 按回路接线法接线和查找

按线路图,从电源正极开始,经过一个回路,回到电源负极.再从已接好的回路中某段分压的高电位点出发接下一个回路,然后回到该段分压的低电位点,这样一个回路、一个回路地接线.查线时也这样按回路查线.这是电磁学实验接线和查线的基本方法.接线时还要注意走线美观整齐.

3. 预置安全位置

在接通电源前,应检查变阻器滑动端(或电位器旋钮)是否已放在安全位置,例如使电路中电流最小或电压最低的位置.有些电磁学实验还需要检查电阻是否已放到预估的阻值.自己检查线路和预置安全位置后,应请老师复查,才能接通电源.

4. 接通电源时要做瞬态实验

先试通电源,及时根据仪表值等现象判断线路有无异常.若有异常,应立即断电进行检查.若情况正常,就可以正式开始做实验,调节线路至实验的最佳状态.

5. 拆线

拆线时应先切断电源再拆线,严防电路短路.最后将仪器还原,导线整理整齐.

第六节 常用的光学仪器

由于人的视力极为有限,若要观察或测量远处或近处的细小物体,必须利用光学仪器.在大学物理实验中,常用的光学仪器有测微目镜、读数显微镜和望远镜,还有用于准确测量角度的光学仪器——分光计,掌握它们的结构、调节和读数方法是光学实验的一项重要任务.测微目镜、读数显微镜已在前面介绍过,本节主要介绍望远镜和分光计.

一、望远镜

(一) 结构

为了测量较远(0.5 m 以上)物体的线度,可使用望远镜及附加读数装置.图 2.30 是测量用的开普勒望远镜的光路图.物镜 L_1 能使无限远的物体成一倒立的实像于像方焦点 F_1 平面上.对于正常眼,物镜的像方焦面与目镜的物方焦面重合,在这个平面上放置测量标记(分划板);对于近视眼,目镜的距离需稍微短些;对于远视眼,则需稍微加长.

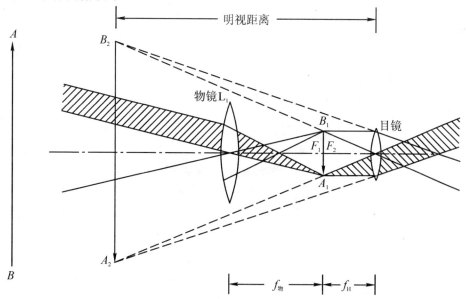

图 2.30 开普勒望远镜的光路图

望远镜的放大倍数等于物镜焦距和目镜焦距的比值.在大学物理实验中遇到的远物,通常处于有限的距离内.为了看清物体的像,可将目镜镜筒从物镜镜筒中向外伸出,使 F_2 位于 F_1 的外侧.

在测量上用得很多的望远镜是自准直望远镜,如分光计上的望远镜,这种望远镜物镜焦平面上放置的作为标记的物体,通过在一个平面镜上的反射作用,在标记本身的平面上成像.标记可用任意方法来照明.如果要把自准直望远镜做测微之用,则需在它安放标记的平面上放置一个分划尺.

(二)调节方法

望远镜的调节方法与显微镜相似,先调节目镜与分划板之间的距离,然后调节物镜与目镜之间的距离,直至物体的像与准线无视差为止.

二、分光计

(一)结构

分光计又称光学测角仪,是一种精密测量平行光线偏转角的光学仪器.它常被用于测量棱镜顶角、折射率、光栅衍射角、光波波长和观测光谱等,如图 2.31 所示.分光计主要由带十字叉丝的自准直望远镜、平行光管、刻度盘、游标读数装置、小平台及机座等组成.望远镜、平行光管和度盘有共同的转轴,其中平行光管固定,望远镜和度盘可自由转动.现以 JJY-1 型分光计为例介绍如下:

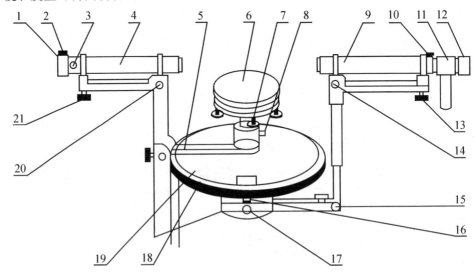

图 2.31 分光计结构外形图

1—狭缝装置;2—狭缝宽度调节手轮;3—狭缝装置锁紧螺丝;4—平行光管;5—制动架;
6—载物台;7—载物台调平螺丝;8—载物台锁紧螺丝;9—望远镜;10—目镜筒锁紧螺丝;
11—阿贝式自准直目镜;12—目镜视度调节手轮;13—望远镜光轴高低调节螺丝;
14—望远镜光轴水平调节螺丝;15—望远镜微调螺丝;16—转座与度盘止动螺丝;
17—望远镜止动螺丝;18—度盘;19—游标盘;20—平行光管光轴水平方位调节螺丝;
21—平行光管光轴高低调节螺丝

1. 自准直望远镜(阿贝式)

自准直望远镜由目镜、分划板及物镜组成,如图 2.32(a)所示.分划板刻有如图 2.32 左侧所示的两横一竖的叉丝准线,在边上粘有一块 45°的反射小棱镜,其表面涂了不透明薄膜,薄膜上刻了一个空心十字窗口,点亮小电珠,在视场内可看到一个亮的十字.若在物镜前放一个平面镜,前后调节目镜(连同分划板)与物镜的间距,使分划板位于物镜焦平面上时,小电珠发出透过空心十字窗口的光,经物镜后成平行光射于平面镜,反射光经物镜后在分划板上形成十字窗口的像.若平面镜镜面与望远镜光轴垂直,此像将落在分划板准线上部的交叉点上,如图 2.32(b)所示.

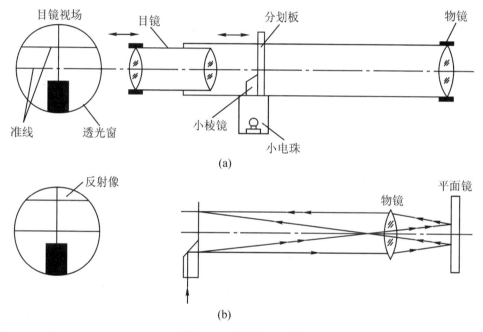

(a)

(b)

图 2.32 自准直望远镜

2. 载物小平台

载物小平台用以放置待测物体,台上有一弹簧压片夹,用以夹紧物体,台下有三个螺丝 a_1, a_2, a_3,可调节平台水平,如图 2.33 所示.

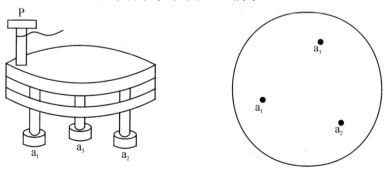

图 2.33 载物台

3. 读数装置

读数装置由刻度圆盘和沿刻度圆盘盘边相隔 $180°$ 对称安置的游标组成. 刻度圆盘分成 $360°$,最小分度为半度($30'$),小于半度的读数,利用游标读出,游标上有 30 格,故游标上的读数单位为 $1'$. 角游标读数方法与一般游标相同,如图 2.34 所示. 两个游标对称放置,是为了消除刻度盘中心与分光计中心轴线之间的偏心差. 测量时,要同时记下两个游标所示的刻度.

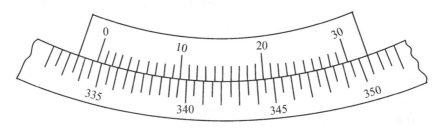

图 2.34　读数装置

由于仪器中心轴和度盘刻度中心在制造及装配时不可能完全重合,且轴套之间也总存在着间隙,故望远镜的实际转角 φ 与刻度盘读数窗上读得的角度 θ 不尽一致,如图 2.35 所示. 图中 O 为转轴中心,O' 为度盘刻度中心,φ 为望远镜实际转角,θ_1 及 θ_2 分别为从两游标读数窗中读出的角度值. 这种测角仪器的"偏心差"是一种系统误差,一般通过安置在转轴直径上两个对称的游标读数窗来消除,从图中的几何关系可知

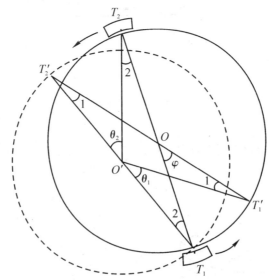

图 2.35　偏心差的示意及消除

$$\varphi + \angle 1 = \theta_1 + \angle 2$$
$$\varphi + \angle 2 = \theta_2 + \angle 1$$

两式相加得

$$2\varphi + (\angle 2 + \angle 1) = \theta_1 + \theta_2 + (\angle 1 + \angle 2)$$

故

$$\varphi = \frac{\theta_1 + \theta_2}{2}$$

4. 平行光管

管的一端装有会聚透镜,另一端内插入一套筒,其末端为一宽度可调的狭缝,如图 2.36 所示.当狭缝位于透镜的焦平面上时,就能使照在狭缝上的光经过透镜后成为平行光.

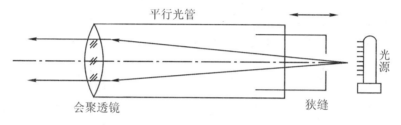

图 2.36 平行光管

(二)调整要求和步骤

1. 调整要求

(1)望远镜能接收平行光;

(2)平行光管能发出平行光;

(3)望远镜的光轴和平行光管的光轴均垂直于旋转主轴.

2. 调节步骤

(1)目测粗调(凭眼睛观察判断)

用眼睛从仪器侧面观察,使望远镜光轴、平行光管光轴和载物台面均大致垂直于仪器主轴,目镜套筒位置合适.

(2)调节望远镜,使之能接收平行光,并能准确地与仪器中心轴垂直

先改变目镜与分划板之间的距离,使目镜视场中能清晰地看到分划板叉丝准线,然后调节目镜(连同分划板)与物镜的间距,使分划板位于物镜焦面上(利用自准直法使目镜视场中能同时看清分划板准线与"十"字反射像,且使两者无视差),此时望远镜即已能接收和对准平行光.

在载物台上放置双面反射镜,当反射镜镜面与望远镜光轴垂直时,"十"字反射像与叉丝的上交点完全重合.如果任意放置反射镜,反射回来的像始终与叉丝的上交点重合,则说明望远镜的光轴已垂直于分光计主轴.为了调节方便,如图 2.37(a)所示放置反射镜.调节时先从望远镜中看到由反射镜反射回来的"十"字像(此时不一定和叉丝的上交点重合),转动载物台,再找到由反射镜另一面反射回来的"十"

字像,分析两个像的相对位置.如果同在叉丝的上交点的上侧或下侧,则先调望远镜的调水平螺丝,如两个像分别在叉丝的上交点的两侧,则用各半调节法调节,即先调载物台下的前后螺丝,使"十"字像与叉丝的上交点之间的距离减小一半,再调节望远镜的水平螺丝,使像重合,然后转动载物台180°进行同样调节,反复几次便可很快调好.再把反射镜转过90°,如图2.37(b)放置,重复上面的操作,使两个面的反射像仍与叉丝的上交点重合,这说明望远镜的光轴垂直于仪器的中心轴了.

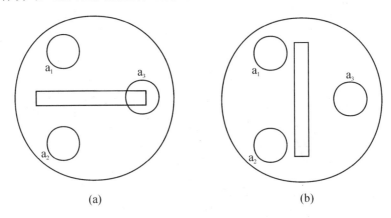

(a)   (b)

图2.37 反射镜放置位置

3. 调整平行光管,使之产生平行光,并垂直于仪器中心轴

以已调好的望远镜为基准,调节平行光管.打开光源和狭缝,将望远镜对准狭缝像,从望远镜中观察,调节平行光管狭缝套筒,使狭缝像最清晰,此时狭缝位于透镜的焦面上,此时即能产生平行光了.接着调节望远镜光轴与平行光管共轴,把狭缝调成水平方向,调节平行光管的倾斜度,使狭缝与准线中心重合,这时平行光管与望远镜共轴,并与中心轴垂直.

参 考 文 献

[1] 丁慎训,张连芳.物理实验教程[M].北京:清华大学出版社,2002.

[2] 李相银.大学物理实验[M].北京:高等教育出版社,2004.

[3] 陆延济.物理实验教程[M].上海:同济大学出版社,2000.

[4] 吴泳华,霍剑青,熊永红.大学物理实验:第一册[M].北京:高等教育出版社,2001.

[5] 是度芳,贺渝龙.基础物理实验[M].武汉:湖北科学技术出版社,2003.

[6] 潘学军.大学物理实验[M].北京:电子工业出版社,2006.

[7] 高文斌.大学物理实验[M].杭州:浙江大学出版社,2002.

第三章　基础物理实验

实验一　刚体转动惯量的测定

一、实验目的

(1) 测定刚体的转动惯量.

(2) 验证转动定律及平行移轴定理.

二、实验仪器

(1) JM-3 智能转动惯量实验仪.

(2) 电脑毫秒计.

三、实验原理

转动惯量是反映刚体转动惯性大小的物理量,它与刚体的质量及质量对轴的分布有关. 对于几何形状规则、质量分布均匀的物体,可以计算出转动惯量. 但对于几何形状不规则以及质量分布不均匀的物体,只能用实验方法测量. 本实验用转动惯量实验仪、通用电脑式毫秒计来测量几种刚体的转动惯量,并与计算结果相比较.

转动惯量实验仪是一架绕竖直轴转动的圆盘支架,如图 3.1 和图 3.2 所示. 待测物体可以放置在支架上,支架的下面有一个倒置的塔式轮,是用来绕线的.

设转动惯量实验仪空载(不加任何试件)时的转动惯量为 J_0. 我们称它为该系统的本底转动惯量,加试件后该系统的转动惯量用 J_1 表示,根据转动惯量的叠加原理,该试件的转动惯量 J_2 为

$$J_2 = J_1 - J_0 \tag{3-1}$$

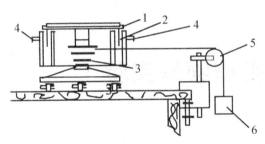

图 3.1 刚体转动惯量实验仪

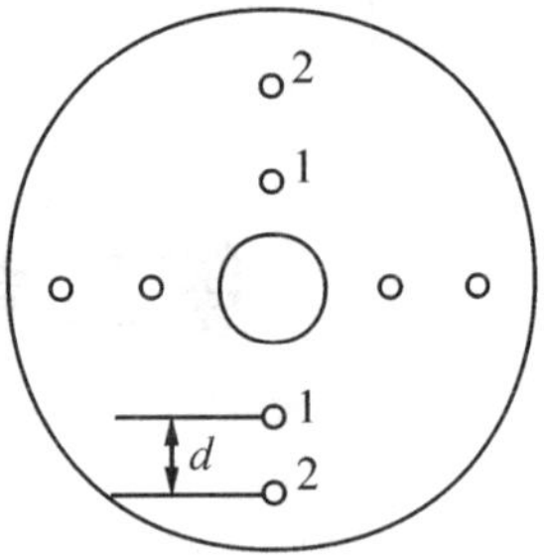

图 3.2 承物台俯视图

1—承物台;2—遮光细棒;3—绕线塔轮;

4—光电门;5—滑轮;6—砝码

（1）不给该系统加外力矩（即不加重力砝码），该系统在某一个初角速度的启动下转动,此时系统只受摩擦力矩的作用,根据转动定律则有

$$-L_2 = J_0\beta_1 \tag{3-2}$$

式中,J_0为本底转动惯量;L_2为摩擦力矩;负号是因 L 的方向与外力矩的方向相反;β_1为角加速度,β_1值应为负值.

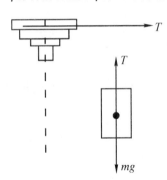

图 3.3 示意图

（2）给系统加一个外力矩（即加适当的重力砝码）,则该系统受力分析如图 3.3 所示.

$$mg - T = ma \tag{3-3}$$

$$T \cdot r - L = J_0\beta_2 \tag{3-4}$$

$$a = r\beta_2 \tag{3-5}$$

β_2是在外力矩与摩擦力矩的共同作用下系统的角加速度;r 是塔轮的半径. 式（3-2）、式（3-3）、式（3-4）、式（3-5）联立求解得

$$J_0 = \frac{mgr}{\beta_2 - \beta_1} - \frac{\beta_2}{\beta_2 - \beta_1}mr^2 \tag{3-6}$$

由于 β_1 本身是负值,所以计算时 $\beta_2 - (-\beta_1) = \beta_2 + \beta_1$,则式（3-6）应该为

$$J_0 = \frac{mgr}{\beta_2 + \beta_1} - \frac{\beta_2}{\beta_2 + \beta_1}mr^2 \tag{3-7}$$

同理加试件后,也可用同样的方法测出 J_1,然后代入式（3-1）减去本底转动惯量 J_0 即可得到试件的转动惯量. 式（3-6）中,m,g,r 都是已知或者可直接测量的物理量,问题在于如何测量 β_1 和 β_2.

由刚体运动学,我们知道角位移 θ 和时间的关系为

$$\theta = \omega_0 t + \frac{1}{2}\beta t^2 \tag{3-8}$$

在一次转动过程中,取两个不同的角位移 θ_1 和 θ_2,则有

$$\theta_1 = \omega_0 t_1 + \frac{1}{2}\beta t_1^2 \tag{3-9}$$

$$\theta_2 = \omega_0 t_2 + \frac{1}{2}\beta t_2^2 \tag{3-10}$$

式(3-9)、式(3-10)联立求解得

$$\beta = \frac{2(\theta_2 t_1 - \theta_1 t_2)}{t_1 t_2 (t_2 - t_1)} \tag{3-11}$$

本实验采用电脑式毫秒计自动记录,每过 π 弧度记录一次时间和相对应次数的 k 值. 因为开始时,$k=1$,$t=0$,经过 $\theta=1\pi$ 时,$k=2$,于是 $\theta=(k-1)\pi=\pi$. 同理可得

$$\beta = \frac{2\big[(k_2-1)\pi t_1 - (k_1-1)\pi t_2\big]}{t_2 t_1 (t_2 - t_1)}$$

$$= \frac{2\pi\big[(k_2-1)t_1 - (k_1-1)t_2\big]}{t_2 t_1 (t_2 - t_1)} \tag{3-12}$$

k_1,k_2 不一定取相邻的两个数,例如 k_2 取 6,k_1 取 4,或者 k_2 取 5,k_1 取 3 均可(注意:k_1 与 k_2 的差值不宜太大,而且取成偶数,不要取成奇数).

根据转动定律,刚体所受合外力矩 L,转动惯量 J 及角加速度 β 之间的关系为

$$L = J\beta \tag{3-13}$$

在实验中,刚体所受外力矩为绳子给予力矩 L_1 和摩擦力矩 L_2,T 为绳子张力. 当忽略滑轮及绳子质量、滑轮轴上的摩擦力,并认为绳子长度不变时,砝码以匀加速度 a 下落:

$$T = m(g-a) \tag{3-14}$$

砝码由静止开始下落,当下落高度 h 所用时间为 t 时,则有

$$h = \frac{1}{2}at^2 \tag{3-15}$$

因

$$a = r\beta \tag{3-16}$$

由以上公式可得

$$m(g-a)r - L_2 = \frac{2hJ}{rt^2} \tag{3-17}$$

因为 $g \gg a$,则有

$$mgr - L_2 = \frac{2hJ}{rt^2} \tag{3-18}$$

又因 $mgr \gg L_2$,则有

$$mgr = \frac{2hJ}{rt^2} \tag{3-19}$$

如果保持 h,m 不变,只改变绕线半径 r,根据式(3-19)有

$$r = \left(\frac{2Jh}{mg}\right)^{1/2} \cdot \frac{1}{t} = k \cdot \frac{1}{t} \tag{3-20}$$

式(3-20)说明 r 与 t 成反比关系,即半径 r 越大,旋转时间 t 越短,如果实验结果证明确实如此,则说明式(3-13)即转动定律是正确的.

四、实验内容

先将 JM-3 智能转动惯量实验仪的转动惯量仪和电脑毫秒计用信号线连接起来,再将砝码挂钩挂在线的一端(线的长度最好是当砝码落地时,另一端刚好脱开塔轮).线的另一端打个结,将打结的一端塞入塔轮的狭缝中,将线全部绕在塔轮上,然后放开砝码让其自由落下,当砝码落地时线的另一端自动从塔轮的狭缝中脱出.转动惯量仪在转动过程中,电脑毫秒计会自动记录下每转过 π 弧度时的次数和时间,而且还能计算出角加速度的值.由于砝码落地之前,转动惯量仪受外力矩的作用,角加速度为正值(即 β_2),而砝码落地之后转动惯量仪在摩擦力矩的作用下,角加速度为负值(即 β_1),由于从正角加速度转变到负角加速度,中间计算方法也有个转换过程,因此,电脑毫秒计中间隔有 5 次 PASS,之后再记数,角加速度即为 β_1.

五、电脑毫秒计使用说明

(一) 技术性能

本机由 MCS-51 单片微型计算机等器件组成,采用操作系统和计算程序固化存贮的方式,能顺时序记录 64 个光电脉冲的时间,精确到十分之一毫秒,可计算出等运动间距的加速度和减速度,这些数据都被存贮供提取,还可进行脉冲编组的存贮和计算,有备用通道,即双通道"或"门输入.

(1) 输入脉冲间隔须不小于 10 μs;

(2) 计时范围为 0~99.9999 s;

(3) 计时精度小于或等于 0.00005 s;

(4) 计时个数(组×数)≤64 个;

(5) 适用电源为 0~220 V,50 Hz;

(6) 适用温度为 1~40 ℃;

(7) 相对湿度小于 80%.

(二) 板面安排及按键功能

图 3.4 中前面板左上为脉冲组(个)数显示窗,两位数码,中上为计时或角加速度显示窗,六位数码;RST 为复位或重新开始按键;OK 为回车键,各类操作确定按键;β 为提取角加(减)速度按键;t 为提取时间按键;↑ 为选择数据组递增按键;↓为选择数据组递减按键;F 为软启动按键.

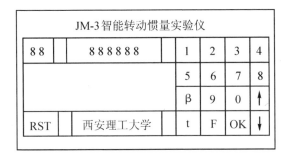
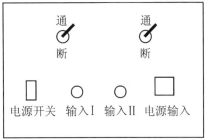

前面板　　　　　　　　　　　　　　后面板

图 3.4　电脑毫秒计前面板和后面板

（三）使用方法

（1）将转动惯量仪的两组光电门和毫秒计输入接口的Ⅰ、Ⅱ两通道电缆分别连接，选择通、断开关，接通表示该回路的光电门接通，可正常工作，反之不能工作。通常只选择接通一路，另一路留作备用。

（2）通电后，显示 PP-HELLO，3 s 后进入模式设定等待状态 F 0164，前两位数表示几个输入脉冲编为 1 组（计时单位），01 表示输入 1 个脉冲作为 1 次计时单元，05 表示输入 5 个脉冲作为 1 次计时单元。后两位数表示可记录的每组脉冲的次数，"组"×"数"≤64。

（3）在"F 0164"等待状态，可按动数字键进行设定，如显示 F 0213 即为每两个脉冲记一次时间，共计 13 组。

（4）按 OK 键显示 88-888888，进入待测状态，当第一个光电脉冲通过时开始计时，此时脉冲组（个）数字跳动，表示记数正常运行。测量和计算完毕即显示 EE（设定模式），此时各数据已被存贮，以备提取，若未显示 EE，则不能提取各类参数。（如果 5 分钟内未完成测量，将显示 HOVE，此时应按 RST 键重新开始。）

（5）提取时间。按 t 键，显示 01H 后按 OK 键则显示记录第一个脉冲的起始时间（00.0000 s），按↑键则依次递增各次记录的数据，按↓键则依次递减各次记录的数据。若只提取某一个数值，按 t 键显示××H 后，输入所要提取的数，按 OK 键后，即显示出该 t 值。若输入所要提取的数超过设定值，如 66，按 OK 键后则显示溢出（OU-PLUSE），此时须重新按 t 键，在设定的数值范围内取数。

（6）提取（角）加速度值。

① 按 β 键出现××b 后，按数字键 01，再按 OK 键，即显示出 01，b±×.×××数值。其余类似提取时间的方法。

② 在有外力作用的加速旋转状态到砝码落地后的减速旋转状态之间，隔有 5次 PASS，这表示该转折点周围的数据不可靠，须舍去。（角）加速度为第 2 个脉冲（第一个时间）与隔一个脉冲的结果（不是相邻的值）相计算的，即第 2 个时间数和第 4 个时间数代入公式计算而得，以此类推，用户可自行按各 t 值校验，计算方法

必须同上.

（7）F 键为软启动键,表示继续使用上次设定模式,此时内存数据尚未消除,还可再次提取. 按 F 键后再按 OK 键,则可进行新的实验,上次实验数据已消除.

（8）设定数、组(或积)大于机器记录的范围都会提示溢出,然后再进入正常的等待状态.

（四）注意事项

（1）t 的单位为秒,(角)加速度的单位为弧度除以秒平方. 做其他用途时,须自行修改. 配套仪器为 JM-2、JM-3 转动惯量仪,角加速度的计算公式为

$$\beta = \frac{2\pi \left[(k_2 - 1) \cdot t_1 - (k_1 - 1) \cdot t_2 \right]}{t_2^2 t_1 - t_1^2 t_2}$$

从加速到减速机器记录的是统一的(开始)时间,但计算的 β 值为负时,是用新的时间原点 t' 和新的计时次数 k',t',k' 都是减去最后一个 PASS 点的新值,然后再代入上述公式计算.

（2）摩擦随运动速度有一些变化,所以在 F 为 0164 模式下测量,角加速度值不多,角减速度有几十个值,而且还是逐渐减小的,建议从开始减速起,取与加速度相同个数值,再平均,这才与实际的情况接近.

（3）由此可见,本仪器可以作为研究转轴摩擦的方便工具.

（4）因内存的限制,两次计数脉冲的时间间隔应小于 6 s,否则将出现计时不准的现象.

（5）光电门的寿命几乎是无限长的. 在维修光电门时,发送和接收管的正负极不能接反,其电阻小于 3 kΩ 才能正常工作.

（6）更换保险管时应先断开输入电源,以防触电.

（7）电脑在计算负 β 值时,对 t 值多取了一位有效数值(而又未被显现出)以减小计算的误差,故正 β 的校验是一字不差的,而负 β 值仅与平均值相符.

（8）维修应由专业人员进行.

实验教学视频

实验二　　弦振动实验

一、实验目的

（1）了解弦振动形成驻波的机理、条件与特征.

（2）测量均匀弦线上横波的传播速度及均匀弦线的线密度.

二、实验仪器

ZCXS-A 型弦音实验仪.

三、实验原理

实验装置如图 3.5 所示.

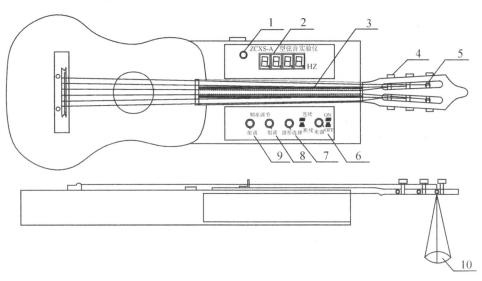

图 3.5　实验装置示意图

1—接线柱插孔；2—频率显示；3—钢质弦线；4—张力调节旋钮；5—弦线导轮；

6—电源开关；7—波形选择开关；8—频段选择开关；9—频率微调旋钮；10—砝码盘

　　吉他上有四支钢质弦线,中间两支用来测定弦线张力,旁边两支用来测定弦线线密度.实验时,弦线 3 与音频信号源接通.这样,通有正弦交变电流的弦线在磁场中就受到周期性的安培力的激励.根据需要,可以调节频率选择开关和频率微调旋钮,从显示器上读出频率.移动劈尖的位置,可以改变弦线长度,并可适当移动磁钢的位置,使弦振动调整到最佳状态.

根据实验要求,挂有砝码的弦线可用来间接测定弦线线密度或横波在弦线上的传播速度;利用安装在张力调节旋钮上的弦线,可间接测定弦线的张力.

弦线通过导轮与砝码连接,改变砝码可以改变弦线的张力.弦线接通正弦信号,通有交变电流,在磁钢产生的磁场中,弦线受安培力作用产生正弦振动,此振动向弦两边传播,在劈尖与吉他骑码两处反射后反向传播,当弦长是半波长的整数倍时,形成稳定的驻波.

如图 3.5 所示,实验时,将弦线 3(钢丝)绕过弦线导轮 5 与砝码盘 10 连接,并通过接线柱 4 接通正弦信号源.在磁场中,通有电流的金属弦线会受到磁场力(称为安培力)的作用,若弦线上接通正弦交变电流时,它在磁场中所受的与磁场方向和电流方向均为垂直的安培力,也随之发生正弦变化,移动劈尖改变弦长,当弦长是半波长的整倍数时,弦线上便会形成驻波.移动磁钢的位置,将弦线振动调整到最佳状态,使弦线形成明显的驻波.此时我们认为磁钢所在处对应的弦为振源,振动向两边传播,在劈尖与吉他骑码两处反射后又沿各自相反的方向传播,最终形成稳定的驻波.

考察与张力调节旋钮相连时的弦线 3 时,可调节张力调节旋钮改变张力,使驻波的长度产生变化.

为了研究问题的方便,当弦线上最终形成稳定的驻波时,我们可以认为波动是从骑码端发出的,沿弦线朝劈尖端方向传播,称为入射波,再由劈尖端反射沿弦线朝骑码端传播,称为反射波.入射波与反射波在同一条弦线上沿相反方向传播时将相互干涉,移动劈尖到适合位置,弦线上就会形成驻波.这时,弦线上的波被分成几段形成波节和波腹,如图 3.6 所示.

设图中的两列波是沿 X 轴相向方向传播的振幅相等、频率相同、振动方向一致的简谐波.向右传播的用细实线表示,向左传播的用细虚线表示,当传至弦线上的相应点,位相差为恒定时,它们就合成驻波,用粗实线表示.由图 3.6 可见,两个波腹或波节间的距离都等于半个波长,这可从波动方程推导出来.

下面用简谐波表达式对驻波进行定量描述.设沿 X 轴正方向传播的波为入射波,沿 X 轴负方向传播的波为反射波,取它们振动相位始终相同的点做坐标原点 O,且在 $X=0$ 处,振动质点向上达最大位移时开始计时,则它们的波动方程分别为

$$Y_1 = A\cos 2\pi(ft - x/\lambda)$$
$$Y_2 = A\cos 2\pi(ft + x/\lambda)$$

式中,A 为简谐波的振幅;f 为频率;λ 为波长;X 为弦线上质点的坐标位置.两波叠加后的合成波为驻波,其方程为

$$Y_1 + Y_2 = 2A\cos 2\pi(x/\lambda)\cos 2\pi ft \tag{3-21}$$

由此可见,入射波与反射波合成后,弦上各点都在以同一频率做简谐振动,它

们的振幅为 $|2A\cos 2\pi(x/\lambda)|$,只与质点的位置 X 有关,与时间无关.

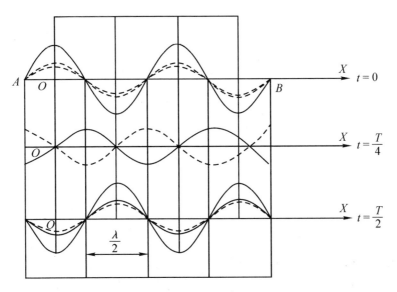

图 3.6　波形示意图

由于波节处振幅为零,即 $|\cos 2\pi(x/\lambda)|=0$.
$$2\pi x/\lambda = (2k+1)\pi/2 \quad (k=0,1,2,3,\cdots)$$
可得波节的位置为
$$X = (2k+1)\lambda/4 \tag{3-22}$$
而相邻两波节之间的距离为
$$X_{k+1} - X_k = [2(k+1)+1]\lambda/4 - (2k+1)\lambda/4 = \lambda/2 \tag{3-23}$$
又因为波腹处的质点振幅最大,即 $|\cos 2\pi(X/\lambda)|=1$.
$$2\pi X/\lambda = k\pi \quad (k=0,1,2,3,\cdots)$$
可得波腹的位置为
$$X = k\lambda/2 = 2k\lambda/4 \tag{3-24}$$

这样相邻的波腹间的距离也是半个波长. 因此,在驻波实验中,只要测得相邻两波节(或相邻两波腹)间的距离,就能确定该波的波长.

在本实验中,由于弦的两端是固定的,故两端点为波节,所以,只有当均匀弦线的两个固定端之间的距离(弦长)等于半波长的整数倍时,才能形成驻波,其数学表达式为
$$L = n\lambda/2 \quad (n=1,2,3,\cdots)$$
由此可得沿弦线传播的横波波长为
$$\lambda = 2L/n \tag{3-25}$$
式中,n 为弦线上驻波的段数,即半波数.

根据波动理论,弦线横波的传播速度为

$$V = (T/\rho)^{1/2} \tag{3-26}$$

即

$$T = \rho V^2$$

式中,T 为弦线中的张力;ρ 为弦线单位长度的质量,即线密度.

根据波速、上面频率及波长的普遍关系式 $V = f\lambda$,将式(3-25)代入可得

$$V = 2Lf/n \tag{3-27}$$

再由式(3-26)、式(3-27)可得

$$\rho = T[n/(2Lf)]^2 \quad (n = 1, 2, 3, \cdots) \tag{3-28}$$

即

$$T = \rho(2Lf/n)^2 \quad (n = 1, 2, 3, \cdots)$$

由式(3-28)可知,当给定 T, ρ, L,频率 f 只有满足该关系式才能在弦线上形成驻波.

当金属弦线在周期性的安培力激励下发生共振干涉形成驻波时,通过骑码的振动激励共鸣箱的薄板振动,薄板的振动引起吉他音箱的声振动,经过释音孔释放,我们能听到相应频率的声音,当用间歇脉冲激励时尤为明显.

四、实验内容

(1) 频率 f 一定,测量两种弦线的线密度 ρ 和弦线上横波的传播速度(弦线 a, a' 为同一种规格,b, b' 为另一种规格).

测弦线 a' 的线密度.波形选择开关7选择连续波位置,将信号发生器输出插孔1与弦线 a' 接通.选取频率 $f = 240$ Hz,张力 T 由挂在弦线一端的砝码及砝码钩产生,以 100 g 砝码为起点逐渐增加至 180 g 为止.在各张力的作用下调节弦长 L,使弦线上出现 $n = 2, n = 3$ 个稳定且明显的驻波段.记录相应的 f, n, L 的值,由公式 $\rho = T(n/2Lf)^2$ 计算弦线的线密度 ρ.

弦线上横波的传播速度 $V = 2Lf/n$. 作 $T\text{-}\overline{V}^2$ 拟合直线,由直线的斜率亦可求得弦线的线密度($T = \rho V^2$).

(2) 张力 T 一定,测量弦线的线密度 ρ 和弦线上横波的传播速度 V.

在张力 T 一定的条件下,改变频率 f,分别为 200 Hz,220 Hz,240 Hz,260 Hz,280 Hz,移动劈尖,调节弦长 L,仍使弦线上出现 $n = 2, n = 3$ 个稳定且明显的驻波段.记录相应的 f, n, L 的值,由式(3-27)可间接测量出弦线上横波的传播速度 V.

五、数据记录及处理

砝码钩的质量 $m=$　　kg

重力加速度 $g=9.8$ m/s²

(1) 频率 f 一定,测弦线的线密度 ρ 和弦线上横波的传播速度 V,数据处理如表 3.1 所示.

表 3.1　数据处理表

	$f=240$ Hz									
$T(9.8\ \text{N})$	$0.100+m$		$0.120+m$		$0.140+m$		$0.160+m$		$0.180+m$	
驻波段数 n	2	3	2	3	2	3	2	3	2	3
弦线长 $L(10^{-2}\ \text{m})$										
线密度 $\rho=T[n/(2Lf)]^2$ (kg/m)										
平均线密度 $\bar{\rho}$(kg/m)										
传播速度 $V=2Lf/n$ (m/s)										
平均传播速度 $\bar{V}$(m/s)										
$\bar{V}^2$ (m/s)²										

作 T-$\bar{V}^2$ 拟合直线,由直线的斜率 $\Delta(\bar{V}^2)/\Delta T$ 求弦线的线密度($T=\rho V^2$).

(2) 张力 T 一定,测量弦线的线密度 ρ 和弦线上横波的传播速度 V,数据处理如表 3.2 所示.

表 3.2　数据处理表

	$T=(0.150+m)\times 9.8N$									
频率 f(Hz)	200		220		240		260		280	
驻波段数 n	2	3	2	3	2	3	2	3	2	3
弦线长 $L(10^{-2}\ \text{m})$										
横波速度 $V=2Lf/n$ (m/s)										
平均横波速度 $\bar{V}=$　　m/s,	$\bar{V}^2=$			(m/s)²						
线密度 $\rho=\dfrac{T}{V^2}=$　　kg/m										

六、使用注意事项

(1) 在线柱 4 与弦线连接时,应避免与相邻弦线短路.

(2) 改变挂在弦线一端的砝码后,要使砝码稳定后再测量.

(3) 磁钢不能处于波节下位置. 要等波稳定后,再记录数据.

实验三　导热系数的测定

一、实验目的

测不良导体的导热系数.

二、实验仪器

智能导热系数测定仪,橡皮圆盘试件,冰/水容器,热电偶.

三、实验原理

1882 年法国数学家、物理学家约瑟夫·傅里叶给出热传导的基本公式,又称傅里叶导热方程式.该方程式指出,在物体内部,垂直于导热方向上,存在两个相距为 h,温度分别为 θ_1,θ_2 的平行平面,若平面面积为 A,在 Δt 内,从一个平面传到另一个平面的热量 ΔQ 满足下述表示式:

$$\frac{\Delta Q}{\Delta t} = \lambda \cdot A \cdot \frac{\theta_1 - \theta_2}{h} \tag{3-29}$$

式中,$\Delta Q/\Delta t$ 为传热速率;λ 定义为该物质的导热系数,亦称热导率.由此可知,导热系数是表征物质传导性能的物理量.其数值等于相距单位长度的两平行平面,当温度相差一个单位时,在单位时间内通过单位面积的热量.其单位名称是瓦特每米开尔文,单位符号为 $\mathrm{W/(m \cdot K)}$.

本实验的实验装置如图 3.7 所示,由上述热传导基本公式通过待测样品 2 板的传热速率可写成

$$\frac{\Delta Q}{\Delta t} = \lambda \cdot \frac{\theta_1 - \theta_2}{h_2} \cdot \pi \cdot R_2^2 \tag{3-30}$$

式中,h_2 为样品厚度;R_2 为样品圆板的半径;θ_1 为样品圆板上表面的温度;θ_2 为其下表面的温度;λ 为样品 2 的导热系数.

当传热达到稳定状态时,θ_1 和 θ_2 温度值稳定不变,通过样品 2 板的传热率与黄铜盘 3 向周围环境的散热速率完全相等.因而可通过黄铜盘 3 在稳定温度 θ_2 时的散热率来求出 $\Delta Q/\Delta t$.实验时,当读得稳态时的 θ_1,θ_2 后,即可将样品 2 板取走,让圆筒的底盘与下盘 3 接触,使盘 3 的温度上升到高于 θ_2 若干摄氏度后,再将圆筒 1 移去,让黄铜盘 3 做自然冷却,求出黄铜盘在 θ_2 附近时的冷却速率 $\dfrac{\Delta Q'}{\Delta t}$,则 $mc\dfrac{\Delta \theta'}{\Delta t}$

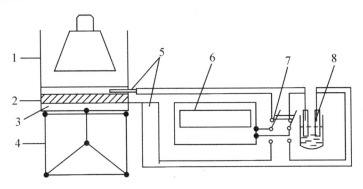

图 3.7　不良导体导热系数测定仪示意图

1—加热盘;2—待测样品;3—黄铜盘;4—支架;

5—热电偶;6—智能导热系数测定仪;7—开关;8—杜瓦瓶

(m 为黄铜盘的质量,c 为黄铜盘的比热)就是黄铜盘 3 在 θ_2 时的散热率. 但由此求出的 $\dfrac{\Delta Q'}{\Delta t}$ 是黄铜盘 3 的全部表面暴露于空气中的冷却速率,即散热表面积为 $2\pi R_3^2$ $+2\pi R_3 h_3$,而实验中达到稳态传热时,盘 3 的上表面面积为 πR_3^2,是被测样品覆盖着的,考虑到物体的冷却速率与它的表面成正比,校正后,本仪器在稳态时的传热速率为

$$\frac{\Delta Q}{\Delta t} = mc\,\frac{\Delta\theta'}{\Delta t}\cdot\frac{(\pi R_3^2 + 2\pi R_3 h_3)}{(2\pi R_3^2 + 2\pi R_3 h_3)} \tag{3-31}$$

式中,R_3,h_3 分别为黄铜盘 3 的半径与厚度. 代入式(3-30)中得

$$\lambda = mc\,\frac{\Delta\theta'}{\Delta t}\cdot\frac{(R_3 + 2h_3)}{(2R_3 + 2h_3)}\cdot\frac{h_2}{(\theta_1 - \theta_2)}\cdot\frac{1}{\pi R_2^2} \tag{3-32}$$

式中,R_2,h_2 分别为样品如橡皮圆盘的半径与厚度.

四、实验内容

(1) 样品圆盘 2,可用游标卡尺多次测量其半径和厚度,取平均值.

(2) 将热电偶插入加冰的保温瓶中,热电偶 θ_1 红色接线柱插入加热盘 1 中,热电偶 θ_2 黑色接线柱插入黄铜盘 3 中. 接通仪器电源,先将加热盘的电源电压升高到 $180\sim200$ V(约 20 分钟后再降至 $130\sim150$ V).

(3) 此时仪器的显示器上交替显示样品上表面和下表面的温度(分别为 A 和 B). 这时可输入参数:① 按一次 Rb 键,等 Rb 显示消失后输入样品的半径,然后再按下 OK 键;② 按一次 Hb 键,等 Hb 显示消失后输入样品的厚度,然后再按下 OK 键. 如果输入有误,只需等显示器恢复交替显示样品上、下表面的温度时,重新输入. 仪器默认最后一次输入的数值.(输入样品单位均为 mm,由内部的单片机转换为国际单位.)

（4）本实验是用稳态法测物体的导热系数,要使温度稳定约要 1 h 多,为缩短达到稳态的时间,可先将加热盘的电源电压升高到 180～200 V,约 20 分钟后再降至 130～150 V. 在整个升温过程中,每隔两分钟读一下温度示数,若 10 分钟内,样品圆盘上、下表面温度 θ_1,θ_2 示值都不变时,即可认为达到稳定状态,用笔记录下 θ_1,θ_2 后,并按下 OK 键,输入数字 1,表示第一步升温到稳定状态已完成,θ_1,θ_2 数值得到确认. 抽出样品圆盘,使圆筒 1 与铜盘 3 接触加热,当铜盘 3 温度上升 10 ℃左右后,再移去圆筒 1,让盘 3 做自然冷却,并按 OK 键,输入数字 2,表示第二步黄铜盘 3 做自然冷却时的温度、计时点已得到确认. 冷却时,仪器就显示黄铜盘 3 的温度 B,每隔 30 s 读一下盘 3 的温度示值,当温度临近 θ_2 的温度值时,按下 λ 键,测量样品的导热系数 λ.

五、注意事项

（1）圆筒 1 底盘的侧面和黄铜盘 3 侧面都有能安插热电偶的小孔. 安置圆筒、圆盘时要注意使小孔皆与杜瓦瓶、智能导热系数测定仪在同一侧. 热电偶热端插入小孔时,插到底部,使热电偶与铜盘接触良好.

（2）取出试件时,注意防止高温烫伤.

（3）仪器提示信息.

① Err1:A/D 转换溢出错误. 在标定时,二进制数大于 19999 或小于－19999时显示,即经传感器板调制后的信号大于 2 V 或小于－2 V. 出现 Err1 错误后,适当调整仪器的零点及放大倍数,输入可恢复正常状态.

② Err2:仪器硬件出错即存储器出现故障. 故障处理方法是:切断电源,换上新的芯片,重新上电.

③ Err3:输入的数据有错,重新输入数据即可.

④ Err4:输入的参数中有零值,重新输入数据即可.

⑤ Err5:未根据操作规程执行,操作过程中输入参数有误,需重新输入.

在操作过程中如按一次键响两声或多声表示出现了错误,只要连击次数是双数,仪器可自动恢复常态.

实验四　杨氏模量的测定

一、实验目的

(1) 用金属丝的伸长测量其杨氏模量.

(2) 熟悉用光杠杆测量微小长度的变化.

(3) 用逐差法处理数据.

二、实验仪器

YMC-1 杨氏模量测定仪(图 3.8),光杠杆,望远镜,标尺,钢卷尺,游标卡尺,螺旋测微计,钩码,槽码等.

三、实验原理

本实验中采用拉伸法测量金属丝杨氏弹性模量.

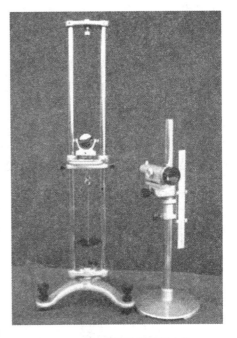

图 3.8　YMC-1 杨氏模量测定仪

当固体受外力作用时,它的体积和形状将要发生变化,这种变化称为形变.外力不太大时,物体的形变与外力成正比,且外力停止作用物体立即恢复原来的形状和体积,这种形变称为弹性形变.如果加在物体上的外力过大,以至外力撤除后,物体不能完全恢复原状而留下剩余形变,称为范性形变.本实验只研究弹性形变.

假定长度为 L,截面积为 S 的均匀金属丝,在受到沿长度方向的外力 F 作用下伸长 ΔL,根据胡克定律,在弹性限度内,伸长应变 $\dfrac{\Delta L}{L}$ 与金属丝受到的应力 $\dfrac{F}{S}$ 成正比,即

$$\frac{F}{S} = Y\frac{\Delta L}{L} \tag{3-33}$$

式中,比例系数 Y 就是材料的杨氏弹性模量,简称杨氏模量,它表征材料抵抗因外力作用而发生弹性形变的能力,Y 越大的材料,抗弹性形变的能力越强.

由式(3-33)可得

$$Y = \frac{FL}{S\Delta L} = \frac{4FL}{\pi d^2 \Delta L} \tag{3-34}$$

式中,d 为钢丝直径.式中 F,L,d 都比较容易测量,只有伸长量 ΔL 因为很小(约 10^{-1} mm),不能用普通测量长度的仪器测出,本实验采用光杠杆来测量.

光杠杆是一个支架,上面有可转动的平面镜.在支架的下部安置三个脚,前两个脚与镜面平行,后足即杠杆的支脚与圆柱夹头接触(圆柱夹头能随金属丝的伸缩而上下移动).当杠杆支脚随金属丝上升或下降微小距离 ΔL 时,镜面法线转过一个 θ 角,如图 3.9 所示.当 θ 很小时,

$$\tan\theta \approx \theta \approx \frac{\Delta L}{l} \tag{3-35}$$

式中,l 为光杠杆的臂长,即后脚到前两脚尖的垂直距离.根据光的反射定律,入射角和反射角相等,故当镜面转动 θ 角时,反射光线转动 2θ 角(即直尺的像转动了 2θ 角),由图可知

$$\tan 2\theta \approx 2\theta \approx \frac{\Delta x}{D} \tag{3-36}$$

式中,Δx 为从望远镜中观察到的标尺像的移动距离;D 为镜面到标尺的距离.

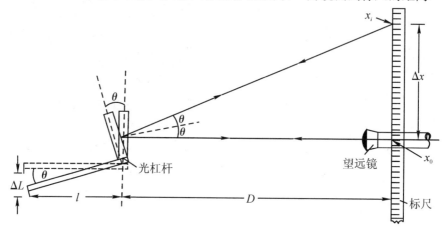

图 3.9　光杠杆放大

由式(3-35)、(3-36)消去 θ 可得

$$\Delta L = \frac{l}{2D} \cdot \Delta x \tag{3-37}$$

由此可见,光杠杆的作用是将微小量 ΔL 放大为标尺像的位移 Δx,$\dfrac{2D}{l}$ 称为光杠杆的放大倍数,通过 $D,l,\Delta x$ 这些比较容易测准的量间接地测量出 ΔL.

将式(3-37)代入式(3-34)中可得杨氏模量

$$Y = \frac{8FLD}{\pi d^2 l \Delta x} \tag{3-38}$$

这样我们就可以将测量结果代入式(3-38)中求得金属丝的杨氏模量.

四、实验步骤

(一)调整实验装置

(1)钢丝必须处于伸直状态进行测量,这样其结果才能满足胡克定律. 为保证这一点,在调整仪器之前,应先加五六个砝码,将钢丝吊几分钟拉直后,取下砝码,再开始仪器的调整.

(2)调节支架底脚螺丝,使平台水平,圆柱体在平台孔内能无摩擦地上下移动.

(3)放置好光杠杆,两前脚尖放在平台的沟槽内,后脚尖放在圆柱体上,不能放在凹坑中,三脚尖位于同一水平面上.

(4)调整仪器时,必须先进行目视粗调,如图 3.10 所示,即调节光杠杆的镜面竖直,望远镜水平等高地对准平面镜,眼睛通过镜筒上方的准星直接观察反射镜,看镜面中是否有标尺的像. 若没有,应移动望远镜基座,直到镜面中心看到标尺的像为止. 此时来自标尺的入射光线经过光杠杆镜面的反射,其反射光线能射入望远镜内,在目镜里也能看到标尺的像.

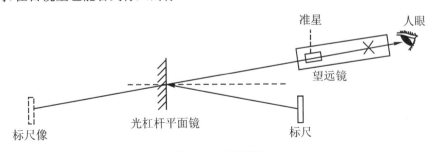

图 3.10　目视粗调

(5)望远镜调焦分两步.

调节目镜,看清叉丝:将眼睛贴近目镜,旋转目镜,改变目镜与叉丝分划板之间的距离,直到看到的十字叉丝清晰.

调节物镜,看清标尺读数:转动镜筒右侧的调节旋钮,改变目镜与物镜之间的距离,在目镜中调出清晰的标尺刻线. 注意消除视差,即当眼睛做上下微小移动时,叉丝横线与标尺刻线无相对移动.

(6)进行上述调节后,若在目镜中还看不到标尺,可调节望远镜的俯仰角或高低,重新进行望远镜的调焦,直到看到清晰的标尺刻线为止.

(二)测量步骤

根据 $Y=\dfrac{8FLD}{\pi d^2 l\Delta x}$ 及 $L,D,d,l,\Delta x$ 的大小,可以看出:$d,\Delta x$ 对测量结果的影响

最大.因此对 d 和 Δx 进行多次测量,对 L, D, l 进行单次测量.

1. 测量望远镜中的标尺刻度值

从望远镜中读出标尺刻度值并记为 x_1,然后在砝码钩上每增加一个砝码 (1 kg),记录对应的标尺刻度值,依次记为 $x_1, x_2, x_3, x_4, x_5, x_6, x_7$.然后把增加的砝码依次逐个取下,记下对应的标尺刻度值 $x_7, x_6, x_5, x_4, x_3, x_2, x_1$.如果取下砝码与加上砝码相应的读数相差过大,应再校正仪器重做一次.

2. 测量钢丝直径 d

用螺旋测微计测量钢丝不同位置处的直径 5 次,并记录螺旋测微计的零差.

3. 测量光杠杆的臂长 l

将光杠杆取下放在纸上,压出三个足痕,画出后足痕到两前足痕连线的垂线.用游标卡尺测出垂直距离 l,单次测量.

4. 测量镜面到标尺的距离 D

用卷尺单次测量出光杠杆镜面到竖直标尺面的距离 D.

5. 测量钢丝的原始长度 L

用卷尺单次测量钢丝上、下夹头之间的距离.

此实验 L, D 测量时因米尺与待测量的两端点不能靠近,很难测准,所以不确定度比正常情况下单次测量的不确定度(0.5 mm)取大一点,为 2 mm.

五、思考题

(1) 本实验求 Y 的公式应满足哪些条件?

(2) 在实验中,各个长度的测量用不同的仪器,为什么要这样?

(3) 用逐差法处理数据的优点是什么? 在本实验中我们是用光杠杆放大的原理来确定金属丝的微小形变的,在你看来能否用其他的方法来确定金属丝的杨氏模量?

(4) $\dfrac{2D}{l}$ 为光杠杆的放大率,你认为通过增大 D、减小 l 提高放大率会有什么不利影响?

实验教学视频

实验五　电阻元件伏安特性的测定

一、线性电阻器伏安特性测量及测试电路设计

（一）实验目的

按被测电阻大小、电压表和电流表内阻大小,掌握线性电阻元件 V-A 特性测量的基本方法.

（二）实验器材

电阻元件 V-A 特性实验仪.

（三）实验原理

在电阻器两端施加一直流电压,在电阻器内就有电流通过. 根据欧姆定律,电阻器电阻值为

$$R = \frac{V}{I} \tag{3-39}$$

式中,R 为电阻器在两端电压为 V,通过的电流为 I 时的电阻值,单位为 Ω;V 为电阻器两端电压,单位为 V;I 为电阻器内通过的电流,单位为 A. 欧姆定律公式表述成下式:

$$I = \frac{1}{R}V$$

以 V 为自变量,I 为函数,作出电压-电流关系曲线,称为该元件的 V-A 特性曲线,如图 3.11 所示.

线绕电阻、金属膜电阻等电阻器,电阻值比较稳定,其 V-A 特性曲线是一条通过原点的直线,即电阻器内通过的电流与两端施加的电压成正比,这种电阻器也称为线性电阻器.

线性电阻的 V-A 特性测量电路的设计:当电流表内阻为 0,电压表内阻无穷大时,下述两种测试电路(图 3.12、图 3.13)都不会带来附加测量误差.

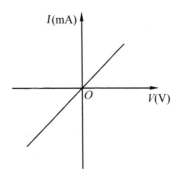

图 3.11　线性元件 V-A 特性曲线

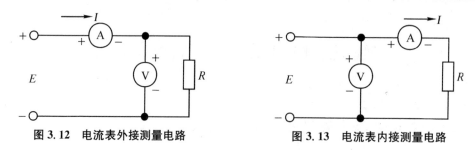

图 3.12　电流表外接测量电路　　　　　　　　图 3.13　电流表内接测量电路

实际的电流表具有一定的内阻,记为 R_A;电压表也具有一定的内阻,记为 R_V. 因为 R_A 和 R_V 的存在,如果简单地用 $R = \dfrac{V}{I}$ 公式计算电阻器电阻值,必然带来附加测量误差.

为了减少这种附加误差,测量电路可以粗略地按下述办法选择:

① 当 $R_V \gg R$,R_A 和 R 相差不大时,宜选用电流表外接电路,此时 R 为估计值;

② 当 $R \gg R_A$,R_V 和 R 相差不大时,宜选用电流表内接电路;

③ 当 $R \gg R_A$,$R_V \gg R$ 时,必须先用电流表内接和外接电路做试探性测试.

方法如下:先按电流表外接电路接好测试电路,调节直流稳压电源电压,使两表指针都指向较大的位置,保持电源电压不变,记下两表值为 U_1,I_1;将电路改成电流表内接式测量电路,记下两表值为 U_2,I_2.

将 U_1,U_2 和 I_1,I_2 比较,如果电压值变化不大,而 I_2 较 I_1 有显著的减少,说明 R 是高值电阻,此时选择电流表内接式测试电路为好;反之电流值变化不大,而 U_2 较 U_1 有显著的减少,说明 R 为低值电阻,此时选择电流表外接测试电路为好.

当电压值和电流值均变化不大时,两种测试电路均可选择.(思考:什么情况下会出现这种情况?)

如果要得到测量准确值,就必须按以下两式予以修正.电流表内接测量时,

$$R = \frac{U}{I} - R_A \tag{3-40}$$

电流表外接测量时,

$$\frac{1}{R} = \frac{I}{U} - \frac{1}{R_V} \tag{3-41}$$

两式中,R 为被测电阻阻值,单位为 Ω;U 为电压表读数值,单位为 V;I 为电流表读数值,单位为 A;R_A 为电流表内阻值,单位为 Ω;R_V 为电压表内阻值,单位为 Ω.

被测电阻器选择 100 Ω 锰铜线电阻器,误差大于或等于 $\pm 0.5\%$.线路设计如图 3.14 所示.

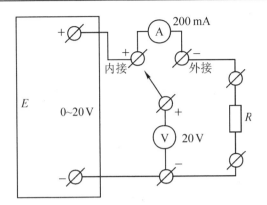

图 3.14　实验电路接线图

（四）实验内容

（1）电流表外接测试.

（2）电流表内接测试.

（3）测试电路优选方法验证.

（4）按式(3-40)、式(3-41)修正计算结果.

（五）数据处理

1. 实验记录见表 3.3

表 3.3　100 Ω 电阻器 V-A 曲线测试数据表

电流表内接测试				电流表外接测试			
V(V)	I(A)	R直算值 (Ω)	R修正值 (Ω)	V(V)	I(A)	R直算值 (Ω)	R修正值 (Ω)

2. 就下述提示写出实验总结

（1）电阻器 V-A 特性概述.

（2）对电流表内接、外接两种测试方法,根据 $R = 100\ \Omega, R_V = 200\ \text{k}\Omega, R_A = 0.725\ \Omega$ 和测试误差,讨论两种测试方式优劣.

二、二极管 V-A 特性曲线的研究

（一）实验目的

通过对 2AP10、1N4007 两种二极管 V-A 特性的测试,掌握锗二极管和硅二极管的非线性特点,从而为以后正确设计使用这些器件打好技术基础.

（二）实验器材

电阻元件 V-A 特性实验仪.

（三）实验原理

2AP10 是典型的锗点接触普通二极管,二极管的电容效应很小,主要在 100 MHz 以下无线电设备中做检波用;1N4007 为典型的硅半导体整流二极管,主要在电气设备中做低频整流用.

对二极管施加正向偏置电压,二极管中就有正向电流通过（多数载流子导电）,随着正向偏置电压的增加,开始时,电流随电压变化很缓慢,而当正向偏置电压增至接近二极管导通电压时（锗管为 0.2 V 左右,硅管为 0.7 V 左右）,电流急剧增加,二极管导通后,电压的少许变化对电流的影响都很大.

对上述两种器件施加反向偏置电压时,二极管处于截止状态,其反向电压增加至该二极管的击穿电压时,电流猛增,二极管被击穿,在二极管使用中应竭力避免出现击穿现象,这很容易造成二极管的永久性损坏.

2AP10 和 1N4007 二极管 V-A 特性示意图如图 3.15、图 3.16 所示.

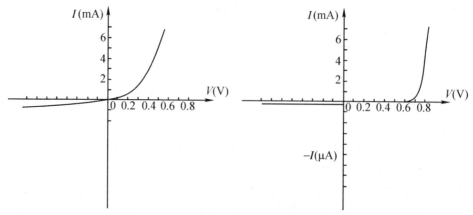

图 3.15　2AP10 二极管 V-A 特性示意图　　图 3.16　1N4007 二极管 V-A 特性示意图

（四）实验内容

1. 反向特性测试电路

二极管在反向导通时,呈现的电阻值很大,采用电流表内接测试电路可以减少测量误差(图 3.17).因为二极管及电压表内阻都较大,采用稳压输出调节和分压器调节,容易得到所需的电压值.

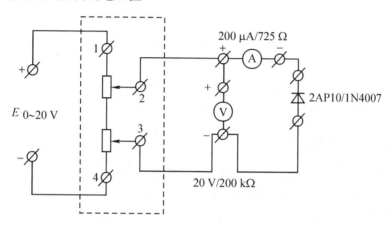

图 3.17　二极管反向特性测试电路

2. 正向特性测试电路

二极管在正向导通时,呈现的电阻值较小,拟采用电流表外接测试电路(图 3.18).电源电压在 0~10 V 内调节,变阻器开始设置 200 Ω,调节电源电压和变阻器电阻值,以得到所需电流值.

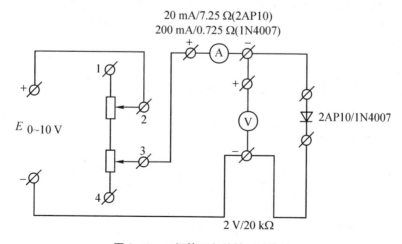

图 3.18　二极管正向特性测试电路

（五）数据处理

数据记录格式如表 3.4、表 3.5 所示.

表 3.4　2AP10 反向 V-A 曲线测试数据表

$V(V)$	0	2	4	6	8	10	12	14
$I(\mu A)$								
电阻直算值(kΩ)								

表 3.5　2AP10 正向 V-A 曲线测试数据表

$I(mA)$	0	1	2	3	4	5	6	7
$V(V)$								
电阻直算值(kΩ)								
电阻修正值(Ω)								

（六）注意事项

（1）电阻修正值按电流表外接修正公式计算所得.

（2）2AP10 正向电流不得超过 7 mA，而 1N4007 最大工作电流可达 1 A.本实验仪可提供 0.5 A 电流，在做 1N4007 二极管正向 V-A 曲线测试时，数据表中 I 可按最大 200 mA 设计，电流表量程也相应选择 200 mA 挡.

（七）思考题

（1）二极管反向电阻和正向电阻差异如此大，其物理原理是什么？

（2）制作表 3.4 时，考虑到二极管正向特性严重非线性，电阻值变化范围很大，在表 3.4 中加一项"电阻修正值"栏，与电阻直算值比较，讨论其误差产生过程.

（3）现时仪器中多采用 1N4007 二极管做整流元件，其原因是什么？（采购价低是其中一个因素.）

三、2CW56 稳压二极管反向 V-A 特性实验

（一）实验目的

通过稳压二极管反向 V-A 特性非线性的强烈反差，进一步掌握电子元件 V-A 特性的测试技巧；通过本实验，掌握稳压二极管的使用方法.

（二）实验器材

电阻元件 V-A 特性实验仪.

（三）实验原理

2CW56 属硅半导体稳压二极管，其正向 V-A 特性类似于 1N4007 型二极管，其反向特性变化甚大. 当 2CW56 两端电压反向偏置，其电阻值很大，反向电流极小，据资料称其值小于或等于 0.5 μA. 随着反向偏置电压的进一步增加，一般到 7～8.8 V 时，出现了反向击穿（有意掺杂而成），产生雪崩效应，其电流迅速增加，电压稍许变化，将引起电流巨大变化. 只要在线路中，对"雪崩"产生的电流进行有效的限流措施，其电流有稍许变化，二极管两端电压仍然是稳定的（变化很小）. 这就是稳压二极管的使用原理，其应用电路如图 3.19 所示. 图中，E 为供电电源，如果二极管稳压值为 7～8.8 V，则要求 E 为 10 V 左右；R 为限流电阻，2CW56 工作电流选择 8 mA，考虑负载电流 2 mA，通过 R 的电流为 10 mA，计算 R 值.

$$R = \frac{E - V_Z}{I} = \frac{10 - 8}{0.01} = 200\ (\Omega)$$

图 3.19 中 C 为电解电容，对稳压二极管产生的噪声进行平滑滤波，V_Z 为稳压输出电压.

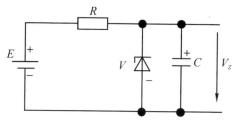

图 3.19　稳压二极管应用电路

（四）实验内容

（1）2CW56 反向偏置 0～7 V 左右时阻抗很大，拟采用电流表内接测试电路为宜；反向偏置电压进入击穿段，稳压二极管内阻较小（估计为 $R = 8/0.008 = 1\ (\text{k}\Omega)$），这时拟采用电流表外接测试电路. 结合图 3.19，测试电路如图 3.20 所示.

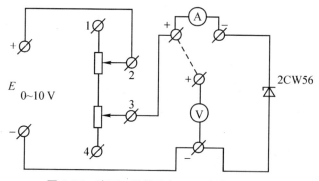

图 3.20　稳压二极管反向 V-A 特性测试电路

（2）电源电压调至零，按图 3.20 接线，开始按电流表内接法，将电压表＋端接于电流表＋端；变阻器旋到 1100 Ω 后，慢慢增加电源电压，记下电压表对应数据.

（3）当观察到电流开始增加，并有迅速加快表现时，说明 2CW56 已开始进入反向击穿过程，这时将电流表改为外接式，慢慢地将电源电压增加至 10 V. 为了继续增加 2CW56 工作电流，可以逐步地减少变阻器电阻，为了得到整数电流值，可以辅助微调电源电压.

（五）数据处理

数据处理如表 3.6 所示.

表 3.6   2CW56 硅稳压二极管反向 V-A 特性测试数据表

电流表接法	数　据							
内接式	V(V)	0	1	2	3	4	5	6	7
	A(μA)								
外接式	A(mA)	0.25	0.5	0.75	1	2	4	6	8
	V(V)								

将上述数据在坐标纸上画出 2CW56 反向 V-A 曲线，如图 3.21 所示.

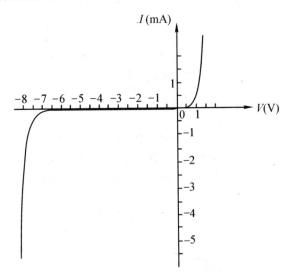

图 3.21   2CW56 反向 V-A 曲线参考图

（六）思考题

（1）在测试稳压二极管反向 V-A 特性时，为什么会分两段分别采用电流表内接电路和外接电路？

（2）稳压二极管的限流电阻值如何确定？（提示：根据要求的稳压二极管动态

内阻确定工作电流,由工作电流计算限流电阻大小.)

(3) 工作电流为 8 mA,供电电压为 10 V,12 V 时,限流电阻大小是多少?

四、钨丝灯 V-A 特性的测试

(一) 实验目的

通过本实验了解钨丝灯电阻随施加电压增加而增加,测量电压和电流的特性关系,并大致了解钨丝灯的使用.

(二) 实验器材

电阻元件 V-A 特性实验仪.

(三) 实验原理

实验仪用灯泡中钨丝和家用白炽灯泡中钨丝同属一种材料,但丝的粗细和长短不同,就做成了不同规格的灯泡.

本实验仪用钨丝灯泡规格为 12 V/0.1 A. 只要控制好两端电压,使用就是安全的,金属钨的电阻温度系数为 $48 \times 10^{-4}/℃$,系正温度系数,灯泡两端施加电压后,钨丝上就有电流流过,产生功耗,灯丝温度上升,致使灯泡电阻增加.灯泡不加电时电阻称为冷态电阻.施加额定电压时测得的电阻称为热态电阻.由于正温度系数的关系,冷态电阻小于热态电阻.在一定的电流范围内,电压和电流的关系为

$$U = KI^n \tag{3-42}$$

式中,U 为灯泡两端电压,单位为 V;I 为灯泡流过的电流,单位为 A;K 为与灯泡有关的常数;n 为与灯泡有关的常数.

为了求得常数 K 和 n,可以通过二次测量所得 U_1,I_1 和 U_2,I_2,得到

$$U_1 = KI_1^n \tag{3-43}$$
$$U_2 = KI_2^n \tag{3-44}$$

将式(3-43)除以式(3-44),可得

$$n = \frac{\lg \dfrac{U_1}{U_2}}{\lg \dfrac{I_1}{I_2}} \tag{3-45}$$

将求出的 n 值代入式(3-43)就可以得到 K 值.

(四) 实验步骤

灯泡电阻在两端电压 12 V 范围内,大约为几欧姆到一百多欧姆,电压表在 20 V 挡时内阻为 200 kΩ,远大于灯泡电阻,而电流表在 200 mA 挡时内阻为 0.725 Ω,

和灯泡电阻相比,小得不是很多,拟采用电流表外接法测量,电路图如图 3.22 所示. 变阻器置 100 Ω,按规定的过程,逐步增加电源电压,记下相应的电流表数据.

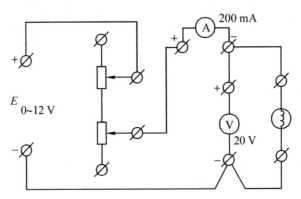

图 3.22　钨丝灯泡 V-A 特性测试电路

(五) 数据处理

数据处理如表 3.7 所示.

表 3.7　钨丝灯泡 V-A 特性测试数据表

灯泡电压 V(V)	0.5	1	2	3	4	5	6	7	8	9	10	11	12
灯泡电流 A(mA)													
灯泡电阻直算值(Ω)													

根据实验数据在坐标纸上画出钨丝灯泡的 V-A 曲线,并将电阻直算值也标注在坐标图上.

选择两对数据(如 $U_1 = 2$ V, $V_2 = 8$ V 及相应的 I_1, I_2),按式(3-43)和式(3-44)计算出 K, n 两系数的值,由此写出式(3-42),并进行多点验证.

第四章 综合性实验

实验一 液体黏滞系数的测定及液体黏滞性随温度变化的研究

一、实验目的

(1) 学会用落球法测定黏滞系数.
(2) 研究液体黏滞系数与温度变化的关系.
(3) 学会用逐差法及图解法处理实验数据.

二、实验仪器

J0201-DM 型多光电门智能计时器、变温黏滞系数测定仪、四位数显恒温加热装置、热水泵、天平、千分尺、温度计、铝球、石头球等,如图 4.1 所示.

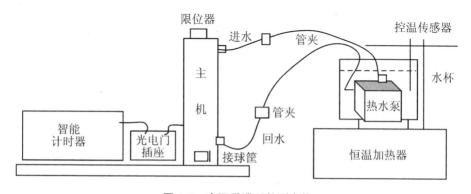

图 4.1 变温黏滞系数测定仪

三、实验原理

当光滑小球在无限深广的液体中下落时,如果小球的直径 d 及下落速度 v 均小(即满足小雷诺数条件),小球在液体下落过程中所受液体的黏滞系数阻力可由斯托克斯公式给出,即 $f=3\pi\eta ud$(u 是小球下落的速度,η 是黏滞系数,d 是小球直径).此时小球在液体中将同时受到三个竖直方向力的作用:小球的重力 mg(m 是小球的质量),液体对小球的浮力 $\rho g V$(V 是小球的体积,ρ 是液体的密度)及黏滞阻力 $f=3\pi\eta ud$.

当小球下落时,由于重力大于竖直向上的 $\rho g V + 3\pi\eta ud$(浮力与黏滞阻力之和如图 4.2 所示),小球向下做加速运动,随着小球速度的增加,当上述三个力达到平衡时,即

$$mg = \rho g V + 3\pi\eta ud$$

小球以速度 V_0 做匀速运动.

由上式得

$$\eta = \frac{(m-\rho V)g}{3\pi ud} \tag{4-1}$$

实验时小球必须在容器中,如图 4.3 所示.小球则沿圆筒中心轴线下降,故不能满足无限深的条件,因此必须对式(4-1)进行如下修正才符合实际情况,即

$$\eta = \frac{(m-\rho V)g}{3\pi ud} \cdot \frac{1}{(1+2.4d/D)(1+3.3d/2H)} \tag{4-2}$$

式中,D 为容器内直径;H 为液柱高.

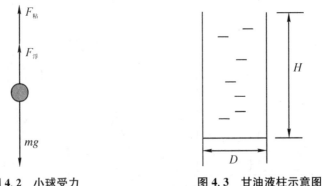

图 4.2 小球受力   图 4.3 甘油液柱示意图

本实验使用液体为甘油,当温度 $T=0\ ℃$ 时,$\rho_{甘油}=1.26\times10^3\ kg/m^3$,当温度变化时,密度也随之变化,其变化关系为

$$\rho = \rho_{甘油}/(1+\beta T)$$

$\beta=5\times10^{-4}/℃$,为甘油体膨胀系数.

四、实验步骤

（1）测定室温下的液体黏滞系数,根据式(4-2),只要测出 m,d,ρ,H,D,v 值,就可以算出液体黏滞系数.

（2）液体黏滞系数与球材质无关,但与温度有关,且它与温度的变化关系较为复杂,很难用一种解析的方法来研究,但通过改变液体的温度,可测出液体不同温度下的黏滞系数与温度的关系.

（3）仪器调节方法.

调节光电变温黏滞系数测定仪上的圆筒,使其成铅直,测出盛甘油圆筒的内直径 D 及液体深度 H.

接通计时器并使其进行自检.打开水泵开关,使水箱内的水实现循环,使外筒和内筒的水位与甘油的液面等高.

用天平称出 7～8 个小球的质量 M,用 $m=M/k$ 求出每个球的质量,然后用千分尺测小球的直径 3 次,编号待用.

调节 4 位数显恒温加热装置,使温度指示至 15 ℃左右,如果室温高于 15 ℃,可往水箱中放入适量冰块,使其降至所需温度.大约 10 分钟后,内箱的甘油温度与外筒的水温基本达到平衡.

将小球先放在甘油内浸一下,然后用镊子夹起放在圆筒顶端的定位盖中心孔上,让其自由下落.当小球下落经过各光电门时,计时器应显示 0,1,2,3,4,…,7 各数字,此时说明小球已完成挡光.

按"停止"键后,屏幕循环显示所测时间 t_n.

再按"停止"键,屏幕按"逐差法"循环显示逐次相减的时间数据 t_n-t_{n-1}.

又按"停止"键,屏幕按"逐差法"循环显示等间隔相减的时间数据 t_n-t_{n-2};再按"停止"键,就显示 t_n-t_{n-3}.依此类推……

"停止"键是屏幕显示切换键,屏幕显示可在 $t_n,t_n-t_{n-1},t_n-t_{n-2},…$ 值之间切换.光电门开关示意图如图 4.4 所示.

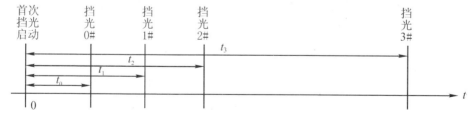

图 4.4　光电门开关示意图

调节四位数显恒温加热装置的预定开关,改变测量点的温度,每次上升 3～4 ℃为一个测量点,重复上面各步骤,每个温度点恒温时间应超过 10 分钟,以保证甘油内部温度均匀.共测量出 5 个以上不同温度的 t 值.

五、数据处理

(1) 按实验要求独立设计表格,如表 4.1 所示.

表 4.1　光电门开关记数表

温度\光电门时间	0#	1#	2#	3#	4#	5#	6#	7#
20 ℃								
25 ℃								
30 ℃								

(2) 根据 $V_0 = s/T$ 分别算出不同温度下匀速下降的速度.

(3) 按公式(4-2)测出不同温度下甘油的黏滞系数.

(4) 以温度 T 为横坐标,黏滞系数 η 为纵坐标,绘出 η-T 曲线图.

(5) 从实验曲线上描出 $T=20$ ℃及 $T=25$ ℃的实验值,并与表 4.2 中所给的公认值比较,算出相对误差.

表 4.2　甘油的变温黏滞系数表

温度 T(℃)	20	25	30
黏滞系数(N·s·m^{-2})	1.499	0.949	0.624

六、注意事项

(1) 由于要用镊子夹起小钢球在最接近液面中心的地方下落,所以实验过程中往往会不小心使镊子接触到液面,粘上油渍,如果不擦干净再去夹小球,就会使盒中小球不能保持清洁,影响实验结果.

(2) 千分尺使用时切忌用力,测量物体时旋至听到"咔咔"的声音就可以读数了,不要再用力推进旋杆,以免损坏.

七、思考题

(1) 实验测量范围内,甘油液体黏滞系数随温度变化的规律是什么?

(2) 如何用实验测量管壁尺寸? 实验中如何确定对黏滞系数 η 的修正误差?

八、仪器使用说明

（一）安装

（1）将光电门黏滞系数测定仪的主机放在水平桌面.

（2）将光电门数字计时器放在主机左侧面板.智能多光电门计时器后面板的八光电门与主机插座的对应关系如表4.3所示.

表4.3　智能多光电门计时器后面板的八光电门与主机插座的对应关系

1.0	2.0	1.1	2.1	1.2	2.2	1.3	2.3
1	2	3	4	5	6	7	8

（3）恒温加热器放置在主机的右侧,热水泵放在不锈钢杯中,杯的下方为加热器盘,热水泵的出口用软管接主机的上水嘴;主机的下水嘴为回水嘴,将上水管、回水软管通入杯内;上水管、回水管均应安装好管夹,用以调节水的动平衡.

（4）将甘油注入主机的内管,然后将接球筐放入主机的内管(由于接球筐质量轻,当放接球筐时,请先将有机玻璃管的带金属部分的一端与磁性取球器的磁性部分相吸,然后用磁性取球器将接球筐推入内管底部).磁性取球器备用.

（5）不锈钢杯中注入80%满的水(常温).

（二）调整

（1）首先调节主机底板下的三个螺钉使主机两侧的发射、接收支架保证处于铅直状态.(可用细绳系重物在管侧检查.我们先调节侧向的铅直,再调节正向的铅直.方法很简单,由于主机两侧的铝管上有竖条,通过调节底板下的螺钉,使重锤线与铝管上的竖条平行或重合.)这一步非常关键,应反复调整以达到最佳状态.

（2）打开计时器电源开关,计时器将进入自检状态,然后调整计时器的功能键,调到 η 功能.如果8个光电门均安装正确,对光没有问题,仪器就能完成自检.否则屏幕上就会显示1(表明1,3,5,7号光电门)或2(表明2,4,6,8号光电门),这表明其中的光电门有故障.只有排除故障后,计时器才能正常工作.

（3）在常温下,将主机上盖的大(中、小)号中心限位孔安装好,先将计时器清零,然后相应地使大(中、小)号石头球或铝球分别通过限位孔,自然掉落甘油液体中,这时计时器将相继显示0,1,2,3,4,5,6,7,表明相应的光电门被挡光,计时器以及八个光电门均能正常工作,亦表明主机两侧的发射接收支架均处于铅直状态.限位孔尺寸和小球的对应关系如表4.4所示.

表 4.4　限位孔尺寸和小球的对应关系

孔大小	大	中	小
球直径(mm)	8.20	6.35	4.00

（4）将热水泵接通电源，水杯中的水将由热水泵提升到主机的外管中.（水面高度应与甘油等高，并高出第一个光电门之上.）通过调节管夹的松紧，来实现水的动平衡.

（5）开启恒温加热器的开关，将"预置…实测"开关扳向"预置"，并预置到某一温度，再将开关扳向"实测"位置. 这时恒温加热器"加热"灯亮，开始加热，说明加热及温控传感器工作正常. 这时如果欲测常温下的液体黏滞系数，须将恒温加热器电源关闭.

（6）如果测定常温下的黏滞系数，应先将回水管夹紧，然后立即关闭热水泵的电源.

（7）主机上端先安装好大号限位孔，然后使大号石头球通过限位孔，自然掉到甘油液体中，这时计时器将相继显示 0,1,2,3,4,5,6,7，再按"停止"键即可，显示出石头球在各个阶段所通过的时间，再按"停止"键，计时器显示屏就会循环显示相应的时间数据（详见计时器说明书），然后用逐差法计算出液体的黏滞系数，再改用中、小号限位孔. 用铝球再测几次，分别求出液体的黏滞系数.

（8）测定某一温度下液体的黏滞系数.

① 首先接通热水泵电源，使其工作，调节上、下水管夹子的松紧实现水的动平衡（水面高度应与甘油等高，并高出第一个光电门之上）.

② 打开恒温加热器的开关，接通预置开关，并预置到某一温度，再将此开关扳向实测位置，这时加热器开始加热，屏幕显示的温度即为杯内水的实际温度.

当此温度达到预置温度时，恒温红灯亮，加热器停止加热. 有意保温 5～8 分钟后使主机内、外管的液体的温度达到相同，再重复（7）的方法，求出液体的黏滞系数. 注意为避免温度过冲，低温（室温～40 ℃）时须改用慢加热，高温时才用快加热，也可在距预置温度 3～5 ℃前用快加热，随后用慢加热以提高效率.

③ 改变恒温加热器的预置温度，重复②的方法，即可实现测定液体在不同温度下的黏滞系数.

④ 实验完毕，用磁性取球器吸附起接球筐（此时，磁性取球器上应取下有机玻璃管），取出小球并擦拭干净备用，适当添加待测液体，使液面保持原始位置.

实验二　液体表面张力系数的测定

一、实验目的

(1) 用拉脱法测量室温下液体的表面张力系数.

(2) 学习力敏传感器的定标方法.

二、实验仪器

液体表面张力测定仪,金属架台,微调升降台,装有力敏传感器的固定杆,盛液体的玻璃皿和金属环状吊片.

三、实验原理

液体的表面张力是表征液体性质的一个重要参数.本实验采用拉脱法测量液体的表面张力系数.

测量一个已知周长的金属片从待测液体表面脱离时需要的力,求得该液体表面张力系数的实验方法称为拉脱法.一个金属环固定在传感器上,将该环浸没于液体中,并渐渐拉起圆环,当它从液面脱离时需要的力,即传感器受到的拉力差值

$$F = \pi(D_1 + D_2)\alpha \tag{4-3}$$

式中,D_1,D_2分别为圆环外径和内径;α 为液体表面张力系数.所以液体表面张力系数为

$$\alpha = F/[\pi(D_1 + D_2)] \tag{4-4}$$

由式(4-3),得液体表面张力

$$f = (U_1 - U_2)/K$$

式中,K 为力敏传感器灵敏度,单位 V/N.

若金属片为环状吊片时,考虑一级近似,可以认为脱离力为表面张力系数乘上脱离表面的周长,即

$$F = \alpha \cdot \pi(D_1 + D_2) \tag{4-5}$$

式中,F 为脱离力;D_1,D_2分别为圆环的外径和内径;α 为液体的表面张力系数.

本实验采用硅压阻式力敏传感器,它由弹性梁和贴在梁上的传感器芯片组成,其中芯片由四个硅扩散电阻集成一个非平衡电桥,当外界压力作用于金属梁时,在压力作用下,电桥失去平衡,此时将有电压信号输出,输出电压大小与所加外力成

正比,即
$$\Delta U = KF \qquad (4\text{-}6)$$
式中,F 为外力的大小;K 为硅压阻式力敏传感器的灵敏度,单位为 V/N. ΔU 为传感器输出电压的大小.

由式(4-4)和式(4-6),得液体表面张力系数为
$$\alpha = \Delta U \,/\, \left[K\pi(D_1 + D_2) \right] \qquad (4\text{-}7)$$

四、实验步骤

(一) 力敏传感器的定标

每个力敏传感器的灵敏度都有所不同,在实验前,应先将其定标,定标步骤如下:

(1) 打开仪器的电源开关,将仪器预热.

(2) 在传感器梁端头小钩中,挂上砝码盘,调节调零旋钮,使数字电压表显示为零.

(3) 在砝码盘上分别添加如 0.5 g,1.0 g,1.5 g,2.0 g,2.5 g,3.0 g 等质量的砝码,记录相应这些砝码力 F 的作用下,数字电压表的读数值 U.

(4) 用最小二乘法做直线拟合,求出传感器灵敏度 K.

(二) 环的测量与清洁

(1) 用游标卡尺测量金属圆环的外径 D_1 和内径 D_2.

(2) 环的表面状况与测量结果有很大的关系,实验前应将金属环状吊片在 NaOH 溶液中浸泡 20~30 s,然后用净水洗净.

(三) 液体的表面张力系数的测量与计算

(1) 将金属环状吊片挂在传感器的小钩上,调节升降台,将液体升至靠近环片的下沿,观察环状吊片下沿与待测液面是否平行,如果不平行,将金属环状片取下后,调节吊片上的细丝,使吊片与待测液面平行.

(2) 调节容器下的升降台,使其渐渐上升,将环片的下沿部分全部浸没于待测液体,然后反向调节升降台,使液面逐渐下降,这时,金属环片和液面间形成一环形液膜,继续下降液面,测出环形液膜即将拉断前一瞬间数字电压表读数值 U_1 和液膜拉断后一瞬间数字电压表读数值 U_2.
$$\Delta U = U_1 - U_2$$

(3) 将实验数据代入式(4-3),求出液体的表面张力系数,并与标准值进行比较,计算其误差.

五、实验数据和记录

1. 传感器灵敏度的测量

传感器灵敏度的测量的实验数据如表 4.5 所示.

表 4.5 传感器灵敏度的测量的实验数据

砝码(g)	0.500	1.000	1.500	2.000	2.500	3.000
电压(mV)						

经最小二乘法拟合得 $K=$ _____mV/N,拟合的线性相关系数 $r=$ _____.

2. 水的表面张力系数的测量

水的表面张力系数的测量的实验数据如表 4.6 所示.

金属环外径 $D_1=$ _____cm,内径 $D_2=$ _____cm,水的温度 $t=$ _____℃.

表 4.6 液体表面张力系数测量数据表

编号	$U_1(mV)$	$U_2(mV)$	$\Delta U(mV)$	$F(N)$	$\alpha(N \cdot m^{-1})$
1					
2					
3					
4					
5					

平均值 $\bar{\alpha}=$ _____N/m.

六、注意事项

(1) 吊环须严格处理干净. 可用 NaOH 溶液洗净油污或杂质后,用清洁水冲洗干净,并用热吹风烘干.

(2) 吊环水平须调节好,注意偏差 $1°$,测量结果引入误差为 0.5%;偏差 $2°$,则误差为 1.6%.

(3) 仪器开机需预热 15 分钟.

(4) 在旋转升降台时,液体的波动要小.

(5) 实验室内不可有风,以免吊环摆动致使零点波动,所测系数不正确.

(6) 若液体为纯净水,在使用过程中须防止灰尘和油污及其他杂质污染,特别注意手指不要接触被测液体.

(7) 力敏传感器使用时用力不宜大于 0.098 N,过大的拉力容易使传感器损坏.

(8) 实验结束须将吊环用清洁纸擦干,用清洁纸包好,放入干燥缸内.

七、结构示意图

液体表面张力系数测定仪结构示意图如图 4.5 所示.

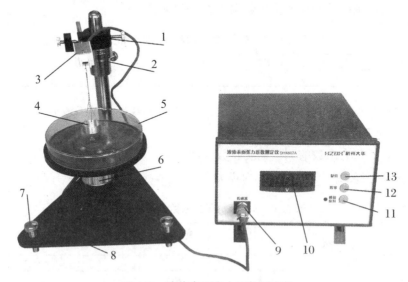

图 4.5　液体表面张力系数测定仪

1-传感器固定座；　2-防滑座；　3-力敏传感器；　4-吊环；　5-玻璃器皿；

6-升降台；　7-调节螺丝；　8-底座；　9-传感器接口（5 芯）；　10-电压显示窗口；

11-峰值保持：按此键后,指示灯亮,进入峰值保持测量模式,此时测试仪将动态记录测量值,并显示测量的最大值;再次按下峰值保持键后,指示灯灭,进入正常测试状态;

12-置零：非峰值保持测量模式下,按此键将对测量数据进行置零;

13-复位：恢复开机初始状态

实验教学视频

实验三　用恒定电流场模拟静电场

一、实验目的

(1) 加强对电场强度和电势概念的理解.
(2) 了解用模拟法进行测量的特点和使用条件.
(3) 掌握用稳恒电流场模拟静电场的原理和方法.

二、实验仪器

测同轴圆柱形电极间电位分布的实验装置示意图如图 4.6 所示. 同轴电缆的中心是圆柱形导体,外壳是圆筒导电体,内外导体之间填有均匀电介质. 当单位长度的内外导体上带有等量异号电荷时,电介质中的电场分布就可以用这个装置来模拟. 在实验装置中,在底板 B 上放有导电纸 P,在导电纸上放有同轴电极 O 和 R. 当 O 和 R 间加上电压后,导电纸上将有轴对称的径向电流流过,极间形成一组同心的等位线. 这些等位线的位置可通过电压表 V 及探针 e 测出. 画等位线时,在电极上方固定的板 B 上先放一张坐标纸(或白纸)P',纸上的探针 e' 和电极间的探针 e 固定在同一柱体上,ee' 的连线垂直纸面. 柱体 L 平移时,两针的轨迹形状相同. 平移柱体使下探针 e 与导电纸接触,且使电压表示值不变,此时轻按上探针 e' 就可在坐标纸上打出小孔. 联结电压表示值相同的一系列小孔就成为一条等位线. 有一些仪器,等位线的位置不是用电压表测出的,而是用检流计测出的(将等位线的电压与已知电压进行比较),这时应根据仪器的实际情况进行连线.

测非轴对称形状电极间的静电场,其实验装置的基本结构及用法和图 4.6 相同.

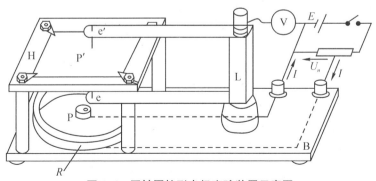

图 4.6　同轴圆柱形电极实验装置示意图

三、实验原理

(一)用恒定电流场模拟静电场

由电磁学理论可知导电媒质中稳恒电流产生的场的基本方程和边界条件,与静电场中无电荷空间的对应方程有完全相似的形式.这两组物理量遵循着数学形式上相同的物理规律.下面用一组例子做对照来说明这一点,如表 4.7 所示.

表 4.7　静电场与恒定电流场比较

静电场	恒定电流场
均匀电介质中两导体上各带电荷 $\pm Q$	两电极间的均匀导电媒质中流过电流 I
电位分布函数 V	电位分布函数 V
电场强度矢量 E	电场强度矢量 E
介质介电常数 ε	媒质电导率 σ
电位移矢量 $D=\varepsilon E$	电流密度 $J=\sigma E$
介质内无自由电荷 $\oint \varepsilon E \cdot \mathrm{d}s=0$	媒质内无电流源 $\oint \sigma E \cdot \mathrm{d}s=0$
可得 $\dfrac{\partial^2 V}{\partial x^2}+\dfrac{\partial^2 V}{\partial y^2}+\dfrac{\partial^2 V}{\partial z^2}=0$	可得 $\dfrac{\partial^2 V}{\partial x^2}+\dfrac{\partial^2 V}{\partial y^2}+\dfrac{\partial^2 V}{\partial z^2}=0$
导体 A 与介质界面上	电极 A 与导电媒质界面上
$\displaystyle\int \varepsilon E \cdot \mathrm{d}s = Q$ 　(4.3)	$\displaystyle\int \sigma E \cdot \mathrm{d}s = I$ 　(4.3')

由表 4.7 可见两个场的场量之间有一一对应的关系.因为两个场的电势都是拉普拉斯方程的解(见表 4.7 中关于电势的偏微分方程),静电场中导体表面为等势面,而电极通常由良导体制成,同一电极上各点电势相等,所以两个场用电势表示的边界条件相同,则两个场的解必定相同,因此我们可以用稳恒电场来模拟静电场,即用稳恒电流场中的电势分布模拟静电场中的电势分布.

为了使电流场的电势分布与静电场相似,实验装置应注意保证以下条件:

(1)为了模拟真空或空气中的静电场分布,要选用电阻均匀且各向同性的导电材料为电流场的导电介质,研究工作中常使用水槽,用水做导电介质,本实验中使用均匀涂上一层石墨的导电纸.

(2)模拟电极的形成、位置、电极间电压与被模拟的静电场中的荷电体相同或量值成比例地相似.

(3)静电场中带电导体是等势体,电流场中的电极也必须尽量接近等势体.这就要求制造电极的金属材料的电导率必须比电介质(导电纸)的电导率大得多,以致可以忽略金属电极上的电势降落,如果描述的是真空中或均匀电介质中的静电场,则要求模拟导电媒介是均匀的,且电导率处处相同.

（二）模拟法描绘二维静电场的电位分布

1. 同轴圆柱形电极

如图 4.7 所示为同轴圆柱形电极间电场的模拟. 其中图 4.7(a)显示的是一根同轴圆柱体经横断后的结构, A 为中心电极, B 为同轴外电极. 将其放置在导电溶液或导电纸上, 在 A, B 电极之间加电压 U_0(内电极 A 接正, 外电极 B 接负), 由于电极是对称的, 电流将均匀地沿着径向从内电极流向外电极. 两个电极间的电流场形成的同心圆等势线(图 4.7(b)中用虚线表示)就可以模拟一个"无限长"均匀带电圆柱体(如同轴电缆)所形成的等势线, 图中电力线(实线带箭头)与等势线是正交的.

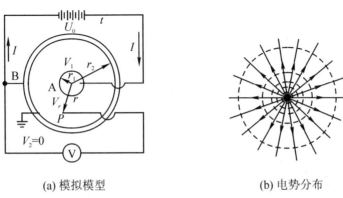

(a) 模拟模型　　　　　　　　　　　　(b) 电势分布

图 4.7　长同轴圆柱面示意图

为了得知电场空间各点的情况, 一般模拟用的电场也应该是三维的, 也就是导电质应充满整个模拟的空间. 均匀异号无限长同轴圆形带电体的电场分布是一例外, 由于它的电力线总是在垂直于柱的平面内, 模拟的电流场也只在这个平面内. 既然电流线仅限在这个平面内, 所以只要电介质充满着平面就行. 换句话说, 只要用一张导电纸就可以模拟均匀异号无限长的同轴圆形带电体的静电场.

对二维情况分析如下:

如图 4.8 所示, 设小圆的电位为 V_a, 半径为 r_0, 大圆电位为 V_b, 半径为 R_0, 则电场中距离轴心为 r 处的电位可表示为

$$V_r = V_a - \int_{r_0}^{r} E \cdot \mathrm{d}r \tag{4-8}$$

根据高斯定理, 无限长圆柱的场强为

$$E = \frac{K}{r} \quad (r_0 < r < R_0)$$

把上式代入式(4-8), 得

$$V_r = V_a - \int_{r_0}^{r} \frac{K}{r} \cdot \mathrm{d}r = V_a - K \ln\left(\frac{r}{r_0}\right) \tag{4-9}$$

在 $r=R_0$ 时,

$$V_b = V_a - \int_{r_0}^r \frac{K}{r} \cdot dr = V_a - K\ln\left(\frac{R_0}{r_0}\right) \tag{4-10}$$

$$K = \frac{V_a - V_b}{\ln\left(\frac{R_0}{r_0}\right)} \tag{4-11}$$

把式(4-10)和式(4-11)代入式(4-9)中且 $V_b = 0$,可得

$$V_r = \frac{\ln\left(\frac{R_0}{r}\right)}{\ln\left(\frac{R_0}{r_0}\right)} V_a \tag{4-12}$$

从式(4-8)中可知,同轴圆柱形电极中的等势线是一系列的同心圆.

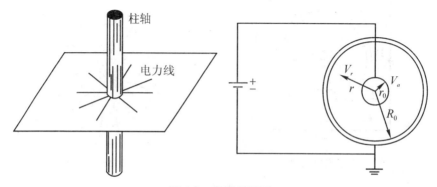

图 4.8 电场分析图

另一种方法如下:

在图 4.6 中,设内电极半径为 r_0,外电极内圈半径为 R_0,其值为实验室给出. 当极间电压为稳定直流时,在两电极间由对称性可得流过距中心为 r 各点的径向电流密度为 $j_r = \dfrac{I}{2\pi r b}$,其中 b 为薄导电层的厚度,再运用欧姆定律的微分形式 $j_r = \sigma E$,积分后可得同轴圆形电极间恒定电流场中的电位分布函数

$$V(r) = \frac{U_0}{\ln(R/R_0)} \ln(r/r_0)$$

式中已假定内电极上电位为零.

2. 示波管聚焦电极

在阴极射线示波管中,电子枪内的第一阳极和第二阳极是由金属圆筒制成的电极,显然两个电极之间的电场分布是复杂的非均匀电场. 但是该电场空间中,场的分布具有对称性,为了确切地研究第一阳极和第二阳极之间的电场,即示波管静电聚焦电场分布,可以从轴线方向截取纵断面,把三维空间电场分布简化为二维空间电场分布来研究. 实验中是利用 4 块导体模仿两个圆筒电极纵断面上的形状制成的两个电极,两个电极间的电场分布就是示波管静电聚焦场的分布.

该电场的等势线很难从理论上计算出来,这里只要求用模拟的方法从实验上描绘出等势线的形状并画出该电场的电力线分布图.

通常电场的分布是三维问题,但是在特殊情况下,适当选择电力线分布的对称面,可使三维问题转化为二维问题.实验中,通过分析电场分布的对称性,合理选择电力线平面,把该电力线平面上的电极系的剖面模型,放置在电解溶液或导电纸上,即可构成模拟场模型,用电桥线路或检流计(电压表)便可测定该平面上的电势分布,据此推得空间电场的分布.图 4.9 就是一些典型的静电场模拟举例.

四、实验步骤

1. 同轴圆柱形电极

按图 4.6 所示实验装置,先放好坐标纸(或白纸),电源的电压设为 6 V,平移柱体 L,分别在坐标纸(或白纸)上打出为 5.00 V,4.00 V,3.00 V,2.00 V,1.00 V 的几组等位点(打点时,注意点的分布).

2. 示波管聚焦电极

其实验做法与同轴圆形电极的做法一样,要求打出 5.50 V,5.00 V,4.00 V,3.00 V,2.00 V,1.00 V,0.50 V 对应的系列等位点,要求画出等位线和电力线,画电力线时注意使其与等位线处处垂直,且其密度能反映电场强度的大小.

五、数据记录及处理

1. 同轴圆柱形电极

(1) 根据一组等位点找出圆心,依据半径的测量值 r,画出各等位线,并画出电力线(不少于 8 条).

(2) 量出各等位线的半径,根据式(4-12)算出各等位线半径的理论值 r,列于数据表格中,并将半径的测量值 r_m 与之比较. 若把理论值 r 当作真值,计算并在数据表格中列出等位线半径测量值的绝对误差 $r_m - r$.

(3) 在实验报告中根据测量和计算对同轴圆形电极间电场的实验结果做必要的分析,得出结论.

2. 示波管聚焦电极

要求画出等位线和电力线,画电力线时注意使其与等位线处处垂直,且其密度能反映电场强度的大小.

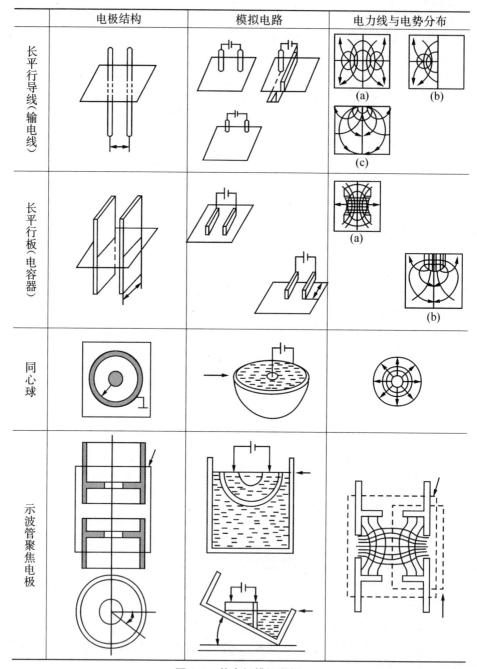

图 4.9   静电场模拟举例

六、注意事项

（1）注意移动探针时,手不要太用力,以免划破导电纸.

（2）模拟不是无限大小的,考虑到导电纸边缘附近场畸变的影响,对某些有特点的电流场等势点的测找不宜在导电纸边缘进行.（例如在同轴圆柱形电极的实验中,对于 5.5 V 的等势线不宜测找,其实在实验中对于 5 V 的等势线也有相似情况.）

（3）由于电势柱是利用电源的电压降压而成的,所以在实验中要注意电源电压最好调到 6 V.

七、思考题

（1）出现下列情况时,电力线和等势线形状有无变化? 为什么?

① 电源电压提高 1 倍;　② 检流计调不到零点;　③ 测量电压有漂移,随时间增加.

（2）本实验仪器设计缺陷在哪里? 如何动手设计新的实验去改善?（提示:惠斯顿电桥.）

八、背景资料

随着静电应用、静电防护和静电现象研究的日益深入,常需要确定带电体周围的电场分布情况,由静止电荷分布决定的静电场分布情况,即可用计算法或实验法求得. 对于具有一定对称性的规则带电体的电场分布,原则上可由高斯定理求得解析解. 但大多数情况下求不出解析解,示波管、显像管、电子显微镜、加速器等内部的聚焦电场尽管具有对称性,但求不出解析解,只能用数值解法求出近似解,计算过程很复杂,而实际工作还有一些不对称、不规则的带电体所形成的电场,此时用数值法也难以求解分析,于是需要采用实验法获得电场分布情况.

利用磁电式电压表直接测定静电场的电势是不可能的,因为任何磁电式电表都需要有电流通过才能偏转,而静电场中无电流,对这些仪表不起作用;任何磁电式电表的内阻都远小于空气或真空的电阻,若在静电场引入电表,必然会使被测电场发生畸变;电表或其他探测器置于电场中,因静电感应会使源电荷发生变化,导致被测电场畸变,因此直接测量静电场的电势分布很困难,于是人们在实验中采用了模拟法,即用恒定电流场模拟静电场,再根据测量结果来描绘与静电场对应的恒定电流场的电势分布,从而确定静电场的电势分布,这是一种很方便的实验方法.

　　模拟法本质上是用一种易于实现、便于测量的物理状态或过程模拟不易实现、不便测量的状态或过程,只要这两种状态或过程有一一对应的两组物理量,并且这些物理量在两种状态或过程中满足数学形式基本相同的方程及边值条件.例如传热学中一定边界条件下求热流向量场的稳定导热问题,流体力学中不可压缩流体在一定边界条件下的速度场求解问题,它们都可以通过用恒定电流模拟的方法来解决.此外,先放大或缩小某些已知量,再测出与所求量成一定数学关系的未知量,然后算出所求量,也是模拟法的一种类型.如用小模型模拟大构件来测量应力分布,用的就是这种方法.

实验四　　惠斯顿电桥

一、实验目的

　　(1) 掌握用惠斯顿电桥测电阻的原理和方法.
　　(2) 了解电桥灵敏度的概念.
　　(3) 学习用交换测量方法消除系统误差.

二、实验仪器

　　惠斯顿电桥(图 4.10),数字检流计,直流稳压电源,电阻箱,未知电阻箱,滑线变阻器,保护开关组,单刀开关,连接线.

图 4.10　惠斯顿电桥

三、实验原理

图 4.11 为惠斯顿电桥的原理图.

四个电阻 R_1,R_2,R_S,R_X 构成一个四边形,B 和 D 之间连接检流计 G,BD 这条对角线就像是在 ABC 与 ADC 之间架起的一座"桥",故称为"电桥". 四个电阻称为"桥臂". 当 B,D 两点电位相等,桥路中的检流计 G 中无电流通过($I_g=0$)时,称为电桥平衡. 此时

$$U_{AB} = U_{AD}, \quad U_{BC} = U_{DC}$$

即

$$I_X R_X = I_1 R_1$$
$$I_S R_S = I_2 R_2 \qquad (4\text{-}13)$$

考虑到串联电路中 $I_1=I_2$,$I_X=I_S$,则有

$$\frac{R_1}{R_2} = \frac{R_X}{R_S} \qquad (4\text{-}14)$$

即

$$R_X = \frac{R_1}{R_2} R_S \qquad (4\text{-}15)$$

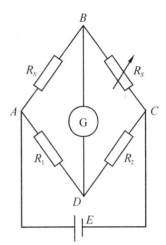

图 4.11　惠斯顿电桥原理图

式中,R_1/R_2 称为比率臂. 显然,若已知 R_1,R_2 和 R_S 的值,即可求出 R_X.

电桥是用比较法测电阻的仪器. 式(4-15)表明:电桥法测电阻的特点是将未知电阻与已知电阻做比较,由检流计示零保证平衡条件成立. 因而对电源的稳定度要求不高. 电桥的这个特点使它成为测量电阻准确度较高的仪器.

四、实验步骤

惠斯顿电桥的结构如图 4.12 所示. AC 间接 1 m 长的伊文电阻丝(即 R_1+R_2)做"比率"电阻用. 电阻丝 AC 下面是 1 m 直尺,AB 间接未知电阻 R_X,BC 间接电阻箱 R_S,D 为滑动电键,通过滑动电键可以确定比率臂 R_1/R_2. E 是直流稳压电源,R 是滑线变阻器,K_1 是单刀开关,K_2 是保护开关组,G 是检流计.

(1) 使用前,应弄懂电桥原理、电桥线路的连接及线路中各元件的作用和使用方法.

(2) 接通数字检流计,使之在实验前预热 5 分钟.

(3) 按图 4.12 连接线路,将 K_2 断开使之为粗调状态,调滑线变阻器使 R 值最大. 选定电桥比率($R_1:R_2=1:1$),即 D 在直尺的中点处(此时 $R_X=R_S$),按待测电阻 R_X 的值来粗略估算 R_S,并将电阻箱置于此值.

(4) 接通电源 E,调节电源为 6 V 左右,按下键 D 的同时调电阻箱使电桥基本

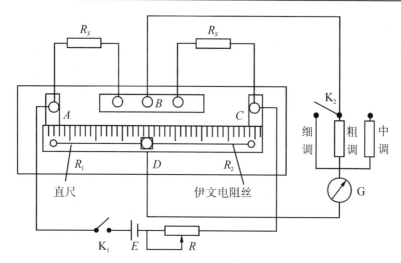

图 4.12　线路连接图

平衡,即使检流计的读数为 0 或接近 0.

（5）依次将保护开关 K_2 打向中调、细调,将 R 值减小（依具体情况而定）,再稍微调节一下 R_S 的值,使得电桥平衡,即使检流计的读数为 0 或接近 0. 记下相应的读数 R_{S1}.

（6）保持比率不变,交换 R_S 和 R_X 的位置,再稍微调节 R_S 的值,使得电桥平衡,并记下相应的读数 R_{S2}. 两次测量结果合并得 $R_X = \sqrt{R_{S1}R_{S2}}$.

五、数据处理

数据处理如表 4.8 所示.

表 4.8　惠斯顿电桥数据处理表

待测电阻\电阻箱	R_{S1}	R_{S2}	$R_X = \sqrt{R_{S1}R_{S2}}$
待测电阻一			
待测电阻二			
待测电阻三			

六、注意事项

1. 准确读数

在实验中,电桥是否平衡对测量结果影响极大. 电桥的平衡依赖于对检流计示零的判断. 影响判断平衡的因素有两个,一是电桥本身的灵敏度 S,另一个因素是人眼对检流计指针在偏离平衡 0.2 格之内无法分辨而产生的视觉误差.

2. 用交换法消除系统误差

为消除电阻丝不均匀所引起的系统误差,可保持 R_1 和 R_2 不变,交换 R_S 和 R_X 的位置,调整使电桥重新达到平衡,比较电阻的示值为 $R_X = \dfrac{R_2}{R_1}R_S$. 两式联立,可得 $R_X = \sqrt{R_{S1}R_{S2}}$. R_X 与 R_1 和 R_2 无关,只与比较电阻有关.

七、思考题

(1) 如何正确选用比率臂? 其目的何在?

(2) 电桥平衡后,若互换电源和检流计的位置,电桥是否仍保持平衡? 试加以证明.

八、仪器使用故障分析

1. 检流计指针不偏转(排除检流计损坏的可能性)

这种情况的出现,说明桥(检流计)支路没有电流通过,其原因可能是电源回路不通,或者是桥支路不通. 检查故障的方法是:先用万用电表检查电源有无输出,然后接通回路,再检查电源与桥臂的两个连接点之间有无电压,最后分别检查桥支路上的导线、开关是否完好(注意检流计不能直接用万用电表电阻挡检查). 如果仍未查出原因,则故障必定是四个桥臂中相邻的两桥臂同时断开. 查出故障后,采取相应措施排除(如更换导线、开关、电阻等).

2. 检流计指针偏向一边

出现这种情况,原因有三种.

原因之一,比例系数(倍率) K_r 取值不当,改变 K_r 的取值,故障即消失;原因之二,四个桥臂中必定有一个桥臂断开;原因之三,四个桥臂中某两个相对的桥臂同时断开.

对于后两种原因引起的故障,只需用一根完好的导线便可检查确定. 检查时,首先减小桥臂电流. 然后用一根导线将四个桥臂中任一桥臂短路,若检流计指针反向偏转,则说明被短路的桥臂是断开的,可用此导线替换原导线,检查出导线是否断开及电阻是否损坏;若检流计指针偏转方向不变,则说明被短路桥臂是完好的;若检流计指针不再偏转,则说明对面桥臂是断开的,可进一步判明是导线还是电阻故障,接通后,用同样的方法再检查开始被短路的桥臂是否完好. 最后,将查出的断开桥臂中坏的导线或电阻更换,故障便被排除.

实验五　霍尔效应实验

一、实验目的

(1) 了解霍尔效应原理与霍尔元件的应用机理.

(2) 测绘霍尔元件的 V_H-I_S 曲线,了解霍尔电势差 V_H 与霍尔元件工作电流 I_S 的关系.

(3) 结合 V_H-I_S 线性曲线的斜率计算霍尔元件的灵敏度 K_H.

二、实验仪器

DH4501B 亥姆霍兹线圈磁场实验仪、DH4501B 亥姆霍兹线圈磁场实验仪(测试架)两大部分组成.

三、实验原理

霍尔效应从本质上讲,是运动的带电粒子在磁场中受洛仑兹力的作用而引起的偏转.当带电粒子(电子或空穴)被约束在固体材料中,这种偏转就导致在垂直电流和磁场的方向上产生正负电荷在不同侧的聚积,从而形成附加的横向电场. 如图 4.13 所示,磁场 B 位于 Z 的正向,与之垂直的半导体薄片上沿 X 正向通以电流 I_S(称为工作电流),假设载流子为电子(N 型半导体材料),它沿着与电流 I_S 相反的 X 负向运动.

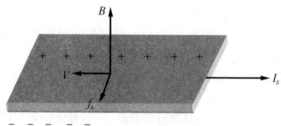

图 4.13　霍尔效应原理图

由于洛仑兹力 f_L 的作用,电子即向图中箭头所指的位于 Y 轴负方向的 B 侧偏转,并使 B 侧形成负电子积累,而相对的 A 侧形成正电荷积累. 与此同时,运动的电子还受到由于两种积累的异种电荷形成的反向电场力 f_E 的作用. 随着电荷积累的增加,f_E增大,当两力大小相等(方向相反)时,$f_L = -f_E$,则电子积累达到动态平衡.这时在 A,B 两端面之间建立的电场称为霍尔电场 E_H,相应的电势差称为霍尔电势 V_H.

设电子按均一速度 $\overline{V}$,向图示的 X 负方向运动,在磁场 B 的作用下,所受洛仑兹力为

$$f_L = -e\overline{V}B$$

式中,e 为电子电量;$\overline{V}$ 为电子漂移平均速度;B 为磁感应强度.

同时,电场作用于电子的力为

$$f_L = -eE_H = -eV_H/l$$

式中,E_H 为霍尔电场强度;V_H 为霍尔电势;l 为霍尔元件宽度.

当达到动态平衡时

$$f_L = -f_E, \quad \overline{V}B = V_H/l \tag{4-16}$$

设霍尔元件宽度为 l,厚度为 d,载流子浓度为 n,则霍尔元件的工作电流为

$$I_S = ne\overline{V}ld \tag{4-17}$$

由式(4-16)、式(4-17)可得

$$V_H = E_H l = \frac{1}{ne}\frac{I_S B}{d} = R_H \frac{I_S B}{d} \tag{4-18}$$

即霍尔电压 V_H(A,B 间电压)与 I_S,B 的乘积成正比,与霍尔元件的厚度成反比,比例系数 $R_H = \frac{1}{ne}$ 称为霍尔系数,它是反映材料霍尔效应强弱的重要参数,根据材料的电导率 $\sigma = ne\mu$ 的关系,还可以得到

$$R_H = \mu/\sigma = \mu p \quad 或 \quad \mu = |R_H|\sigma \tag{4-19}$$

式中,μ 为载流子的迁移率,即单位电场下载流子的运动速度,一般电子迁移率大于空穴迁移率,因此制作霍尔元件时大多采用 N 型半导体材料.

当霍尔元件的材料和厚度确定时,设

$$K_H = R_H/d = 1/(ned) \tag{4-20}$$

将式(4-20)代入式(4-18)中得

$$V_H = K_H I_S B \tag{4-21}$$

式中,K_H 称为元件的灵敏度,它表示霍尔元件在单位磁感应强度和单位控制电流下的霍尔电势大小,其单位是[mV/(mA·T)],一般要求 K_H 愈大愈好.由于金属的电子浓度 n 很高,所以它的 R_H 或 K_H 都不大,因此不适宜做霍尔元件.此外元件厚度 d 愈薄,K_H 愈高,所以制作时,往往采用减少 d 的办法来增加灵敏度,但不能认为 d 愈薄愈好,因为此时元件的输入和输出电阻将会增加,这对霍尔元件而言是不希望的.

由式(4-21)可知,当工作电流 I_S 或磁感应强度 B 两者之一改变方向时,霍尔

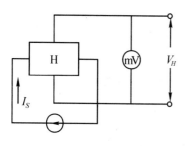

图 4.14　霍尔元件的基本电路

电势 V_H 方向随之改变;若两者方向同时改变,则霍尔电势 V_H 极性不变.

霍尔元件测量磁场的基本电路如图 4.14 所示,将霍尔元件置于待测磁场的相应位置,并使元件平面与磁感应强度 B 垂直,在其控制端输入恒定的工作电流 I_S,霍尔元件的霍尔电势输出端接毫伏表,测量霍尔电势 V_H 的值.

四、实验步骤

实验步骤为:测量不等位电压 $V_{01}(>0)$,$V_{02}(<0)$,测绘 V_H-I_S 曲线,并图示. 验证 V_H-I_S 线性关系,结合 V_H-I_S 线性曲线的斜率计算霍尔元件的灵敏度 K_H.

具体方法与步骤如下:

(1) 按仪器面板上的文字和符号提示将 DH4501B 亥姆霍兹线圈磁场实验仪与 DH4501B 亥姆霍兹线圈磁场实验仪(测试架)正确连接.

① 将 DH4501B 亥姆霍兹线圈磁场实验仪面板右下方的励磁电流 I_M 的直流恒流输出端(0～0.500 A),接 DH4501B 亥姆霍兹线圈磁场实验仪(测试架)上的励磁线圈电流 I_M 的输入端(将红接线柱与红接线柱对应相连,黑接线柱与黑接线柱对应相连).

②"实验仪"左下方供给霍尔元件工作电流 I_S 的直流恒流源(0～5 mA)输出端,接"测试架"上霍尔元件工作电流 I_S 输入端(将红接线柱与红接线柱对应相连,黑接线柱与黑接线柱对应相连).

③"测试架"上霍尔元件的霍尔电压 V_H 输出端,接"实验仪"中部下方的霍尔电压输入端.

注意:以上三组线千万不能接错,以免烧坏元件.

(2) 测量霍尔元件的零位(不等位)电势 V_0.

① 用连接线将中间的霍尔电压输入端短接,调节调零旋钮使电压表显示 0.00 mV.

② 断开励磁电流 I_M(将 I_M 电流调节到最小,同时将换向开关打在中间位置).

③ 调节霍尔工作电流 I_S=5.00 mA,利用 I_S 换向开关改变霍尔工作电流输入方向,分别测出零位霍尔电压 V_{01},V_{02}.

(3) 测量霍尔电压 V_H 与工作电流 I_S 的关系.

① 先将 I_S,I_M 都调零,调节中间的霍尔电压表,使其显示为 0 mV.

② 将霍尔元件移至亥姆霍兹线圈中心,调节 I_M=500 mA,调节 I_S=1.00 mA,按 I_S,I_M 正负情况切换测试架上的方向,分别测量霍尔电压 V_H 值(V_1,V_2,V_3,V_4)并填入表中. 以后 I_S 每次递增 0.50 mA,测量各 V_1,V_2,V_3,V_4 值. 绘出 I_S-V_H 曲线,验证线性关系.

（4）结合 V_H-I_s 线性曲线的斜率计算霍尔元件的灵敏度 K_H.

根据毕奥-萨伐尔定律，载流线圈在圆心处的磁感应强度 B_0 为

$$B_0 = \frac{\mu_0}{2R}I$$

亥姆霍兹线圈是一对匝数和半径相同的共轴平行放置的圆线圈，两线圈间的距离 d 正好等于圆形线圈的半径 R. 这种线圈的特点是能在其公共轴线中点附近产生较广的均匀磁场区，故在生产和科研中有较大的实用价值，其磁场合成示意图如图 4.15 所示. 当两通电线圈的通电电流方向一样时它们内部形成的磁场方向也一致，这样两线圈之间的部分就形成均匀磁场.

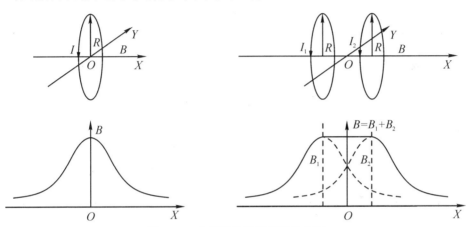

图 4.15 亥姆霍兹线圈磁场分布图

在 $I=0.5\ \mathrm{A}, N=500, R=0.11\ \mathrm{m}$ 的实验条件下，亥姆霍兹线圈轴线上中心 O 处的磁感应强度为

$$B_0 = \frac{\mu_0 NI}{R} \times \frac{8}{5^{3/2}} = \frac{4\pi \times 500 \times 0.5 \times 8}{0.11 \times 5^{3/2}} = 2.04\ (\mathrm{mT})$$

由给出的 B_0 与式（4-21），结合 V_H-I_s 线性曲线的斜率计算霍尔元件的灵敏度 K_H.

五、数据处理

数据处理如表 4.9 所示.

表 4.9 V_H-I_s 数据关系表

$I_s\,(\mathrm{mA})$	$V_1\,(\mathrm{mV})$ $+I_s$	$V_2\,(\mathrm{mV})$ $+I_s$	$V_3\,(\mathrm{mV})$ $-I_s$	$V_4\,(\mathrm{mV})$ $-I_s$	$V_H = \dfrac{|V_1-V_2|+|V_3-V_4|}{4}\,(\mathrm{mV})$
1.00					
1.50					
2.00					
2.50					
⋮					
5.00					

六、注意事项

测量霍尔电势 V_H 时,不可避免地会产生一些负效应,由此而产生的附加电势叠加在霍尔电势上,形成测量系统误差,这些负效应有:

1. 不等位电势 V_0

制作时两个霍尔电势没有绝对对称地焊在霍尔片两侧(图 4.16)、霍尔片电阻率不均匀、控制电流极的端面接触不良(图 4.17)都可能造成 A,B 两极不处在同一等位面上,此时虽未加磁场,但 A,B 间存在电势差 V_0,这被称为不等位电势,$V_0 = I_S V$,V 是两等位面间的电阻,由此可见,在 V 确定的情况下,V_0 与 I_S 的大小成正比,且其正负随 I_S 的方向而改变.

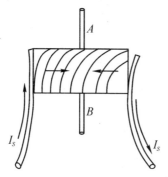

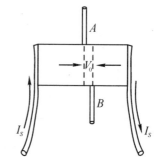

图 4.16　霍尔片两侧霍尔电势　　　　图 4.17　霍尔片电阻率不均匀、控制
　　　　　　没有绝对对称　　　　　　　　　　　　　电流极的端面接触不良

2. 爱廷豪森效应

当元件 X 方向通以工作电流 I_S,Z 方向加磁场 B 时,由于霍尔片内的载流子速度服从统计分布,有快有慢,在到达动态平衡时,在磁场的作用下慢速快速的载流子将在洛仑兹力和霍尔电场的共同作用下,沿 Y 轴分别向相反的两侧偏转,这些载流子的动能将转化为热能,使两侧的温升不同,因而造成 Y 方向上两侧的温差 $T_A - T_B$.因为霍尔电极和元件两者材料不同,电极和元件之间形成温差电偶,这一温差在 A,B 间产生温差电动势 V_E,且 $V_E \propto IB$.这一效应称为爱廷豪森效应,V_E 的大小和正负符号与 I,B 的大小和方向有关,跟 V_H 与 I,B 的关系相同,所以不能在测量中消除.

3. 伦斯脱效应

由于控制电流的两个电极与霍尔元件的接触电阻不同,控制电流在两电极处将产生不同的焦耳热,引起两电极间的温差电动势,此电动势又产生温差电流(称为热电流)Q,热电流在磁场作用下将发生偏转,结果在 Y 方向上产生附加的电势差 V_H,且 $V_H \propto QB$.这一效应称为伦斯脱效应,可知 V_H 的符号只与 B 的方向有关.

4. 里纪-杜勒克效应

如上所述,霍尔元件在 X 方向有温度梯度 $\mathrm{d}T/\mathrm{d}x$,引起载流子沿梯度方向扩散而有热电流 Q 通过元件,在此过程中载流子受 Z 方向的磁场 B 作用下,在 Y 方向引起类似爱廷豪森效应的温差 T_A-T_B,由此产生的电势差 $V_H\propto QB$,其符号与 B 的方向有关,与 I_S 的方向无关.

为了减少和消除以上效应的附加电势差,利用这些附加电势差与霍尔元件工作电流 I_S,磁场 B(即相应的励磁电流 I_M)的关系,采用对称(交换)测量法进行测量.

当 $+I_S$,$+I_M$ 时,

$$V_{AB1}=+V_H+V_0+V_E+V_N+V_R$$

当 $+I_S$,$-I_M$ 时,

$$V_{AB2}=-V_H+V_0-V_E+V_N+V_R$$

当 $-I_S$,$-I_M$ 时,

$$V_{AB3}=+V_H-V_0+V_E-V_N-V_R$$

当 $-I_S$,$+I_M$ 时,

$$V_{AB4}=-V_H-V_0-V_E-V_N-V_R$$

对以上四式做如下运算,则得

$$\frac{1}{4}(\mid V_{AB1}-V_{AB2}\mid+\mid V_{AB3}-V_{AB4}\mid)=V_H+V_E$$

可见,除爱廷豪森效应以外的其他负效应产生的电势差会全部消除,因爱廷豪森效应所产生的电势差 V_E 的符号和霍尔电势 V_H 的符号,与 I_S 及 B 的方向关系相同,故无法消除,但在非大电流、非强磁场下,$V_H\gg V_E$,因而 V_E 可以忽略不计.

$$V_H\approx V_H+V_E=\frac{\mid V_1-V_2\mid+\mid V_3-V_4\mid}{4}$$

理想情况下,当 V_H 较大时,V_{AB1} 与 V_{AB3} 同号,V_{AB2} 与 V_{AB4} 同号,而两组数据反号,故

$$(V_{AB1}-V_{AB2}+V_{AB3}-V_{AB4})/4=(\mid V_{AB1}\mid+\mid V_{AB2}\mid+\mid V_{AB3}\mid+\mid V_{AB4}\mid)/4$$

即用四组测量值的绝对值之和求平均值即可.

七、思考题

(1) 用霍尔传感器测量载流线圈磁感应强度与用探测线圈相比有何优点? 霍尔传感器能否测量交流磁场?

(2) 用霍尔传感器测量磁场时,如何确定磁感应强度方向?

八、仪器的使用

(一) DH4501B 型亥姆霍兹线圈磁场实验仪

仪器背部为 220 V 交流电源插座.

仪器面板为三大部分,如图 4.18 所示.

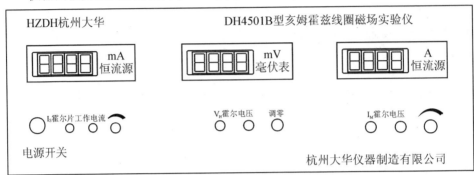

图 4.18 DH4501B 型亥姆霍兹线圈磁场实验仪面板图

(1) 励磁电流 I_M 输出在前面板右侧,三位半数显显示输出电流值 I_M(A),输出直流恒流可调范围为 0~0.500 A,负载范围为 0~40 Ω.

(2) 霍尔片工作电流 I_S 输出在前面板左侧,三位半数显显示输出电流值 I_S(mA),输出直流恒流可调范围为 0~5.00 mA,负载范围为 0~1 kΩ.

以上两组直流恒流源只能在规定的负载范围内恒流,与之配套的"测试架"上的负载符合要求,若要做他用时需注意.

注意:只有在接通负载时,恒流源才有电流输出,数显表上才有相应显示.

(3) 霍尔电压 V_H 输入在前面板中部,三位半数显表显示输入电压值 V_H(mV),测量范围为 0~19.99 mV. 使用前将两输出端接线柱短路,用调零旋钮调零.

(二) DH4501B 型亥姆霍兹线圈磁场测试架

本测试架由(通电圆线圈)亥姆霍兹线圈、二维可移动装置带霍尔片及引线,三个(正、断、反)三挡的换向开关组成. 如图 4.19、图 4.20 所示.

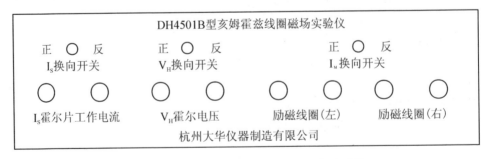

图 4.19 DH4501B 型亥姆霍兹线圈磁场实验仪

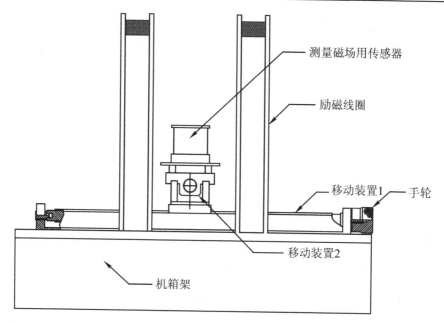

图 4.20　DH4501B 型亥姆霍兹线圈磁场实验仪(测试架)

1. 亥姆霍兹线圈

线圈有效半径：　　　　110 mm

线圈匝数：　　　　　　500 匝

线圈电阻：　　　　　　33 Ω(两线圈串联)

二线圈中心间距：　　　110 mm

2. 二维可移动装置带霍尔元件

横向可移动距离±130 mm,纵向可移动距离±50 mm.

3. 三挡换向开关

分别对励磁电流 I_M,工作电流 I_S,霍尔电势 V_H 进行通、断和正反向换向控制.

实验六　铁磁材料的磁化曲线和磁滞回线的测绘

一、实验目的

(1) 用示波器法测绘磁化曲线和磁滞回线.

(2) 测量磁滞回线上任意一点的 H,B 值.

二、实验仪器

示波器,磁滞回线测定仪.

三、实验原理

(一) 铁磁材料的磁滞现象

铁磁物质是一种性能特异、用途广泛的材料.铁、钴、镍及其众多合金以及含铁的氧化物(铁氧体)均属铁磁物质.其特征是在外磁场作用下能被强烈磁化,故磁导率 μ 很高.另一特征是磁滞,即磁化场作用停止后,铁磁质仍保留磁化状态,图4.21 为铁磁物质磁感应强度 B 与磁化场强度 H 之间的关系曲线.

图中的原点 O 表示磁化之前铁磁物质处于磁中性状态,即 $B=H=0$,当磁场 H 从零开始增加时,磁感应强度 B 随之缓慢上升,如线段 Oa 所示,继之 B 随 H 迅速增长,如 ab 所示,其后 B 的增长又趋缓慢,并当 H 增至 H_S 时,B 到达饱和值,$OabS$ 称为起始磁化曲线,图4.21表明,当磁场从 H_S 逐渐减小至零,磁感应强度 B 并不沿起始磁化曲线恢复到点 O,而是沿另一条新曲线 SR 下降,比较线段 OS 和 SR 可知,H 减小,B 相应也减小,但 B 的变化滞后于 H 的变化,这种现象称为磁滞.磁滞的明显特征是当 $H=0$ 时,B 不为零,而保留剩磁 B_r.

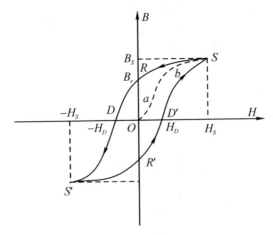

图 4.21　铁磁材料的起始磁化曲线和磁滞回线

当磁场反向从 O 逐渐变至 $-H_D$ 时,磁感应强度 B 消失,说明要消除剩磁,必须施加反向磁场,H_D 称为矫顽力,它的大小反映铁磁材料保持剩磁状态的能力,线段 RD 称为退磁曲线.

图 4.21 还表明,当磁场按 $H_S{\rightarrow}O{\rightarrow}-H_D{\rightarrow}-H_S{\rightarrow}O{\rightarrow}H_D{\rightarrow}H_S$ 次序变化,相应的磁感应强度 B 则沿闭合曲线 $SRDS'R'D'S$ 变化,这条闭合曲线称为磁滞回

线,所以,当铁磁材料处于交变磁场中时(如变压器中的铁芯),将沿磁滞回线反复被磁化→去磁→反向磁化→反向去磁.在此过程中要消耗额外的能量,并以热的形式从铁磁材料中释放,这种损耗称为磁滞损耗.可以证明,磁滞损耗与磁滞回线所围面积成正比.

应该说明,当初始态为 $H=B=0$ 的铁磁材料,在交变磁场强度由弱到强依次进行磁化,可以得到面积由小到大向外扩张的一簇磁滞回线,如图 4.22 所示.这些磁滞回线顶点的连线称为铁磁材料的基本磁化曲线,由此可近似确定其磁导率 $\mu=B/H$,因 B 与 H 的关系成非线性,故铁磁材料磁导率 μ 不是常数,而是随 H 而变化(图 4.23).铁磁材料相对磁导率可高达数千乃至数万,这一特点是它用途广泛的主要原因之一.

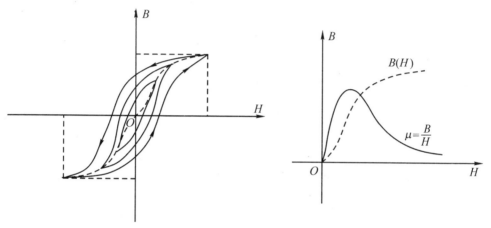

图 4.22　同一铁磁材料的一簇磁滞回线　　　图 4.23　铁磁材料与 H 的关系

可以说磁化曲线和磁滞回线是铁磁材料分类和选用的主要依据,图 4.24 为常见的两种典型的磁滞回线.其中软磁材料磁滞回线狭长,矫顽力、剩磁和磁滞损耗均较小,是制造变压器、电机和交流磁铁的主要材料;而硬磁材料磁滞回线较宽,矫顽力大,剩磁强,可用来制造永磁体.

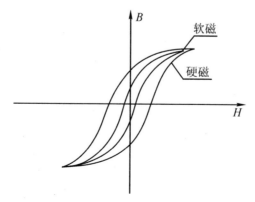

图 4.24　不同材料的磁滞回线

（二）用示波器观察和测量磁滞回线的实验原理和线路

观察和测量磁滞回线和基本磁化曲线的线路如图 4.25 所示.

待测样品 EI 型矽钢片, N_1 为励磁绕组, N_2 为用来测量磁感应强度 B 而设置的绕组, R_1 为励磁电流取样电阻, 设通过 N_1 的交流励磁电流为 i, 根据安培环路定律, 样品的磁场强度

$$H = \frac{N_1 \cdot i}{L}$$

式中, L 为样品的平均磁路长度. 因为

$$i = \frac{U_H}{R_1}$$

所以有

$$H = \frac{N_1}{LR_1} \cdot U_H \qquad (4\text{-}22)$$

式中 N_1, L, R_1 均为已知常数, 所以由 U_H 可确定 H.

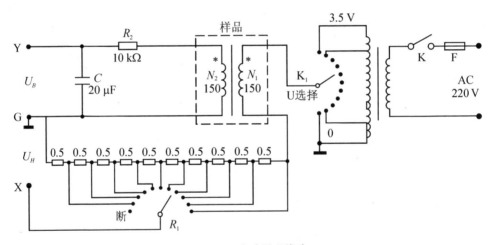

图 4.25　实验原理线路

在交变磁场下, 样品的磁感应强度瞬时值 B 是测量绕组和 R_2C 电路给定的, 根据法拉第电磁感应定律, 由于样品中的磁通 φ 的变化, 在测量线圈中产生的感生电动势的大小为

$$\varepsilon_2 = N_2 \frac{d\varphi}{dt}$$

$$\varphi = \frac{1}{N_2} \int \varepsilon_2 \, dt$$

$$B = \frac{\varphi}{S} = \frac{1}{N_2 S} \int \varepsilon_2 \, dt \qquad (4\text{-}23)$$

式中, S 为样品的截面积.

如果忽略自感电动势和电路损耗,则回路方程为

$$\varepsilon_2 = i_2 R_2 + U_B$$

式中,i_2为感生电流;U_B为积分电容C两端的电压.设在Δt时间内,i_2向电容C充电电量为Q,则

$$U_B = \frac{Q}{C}$$

$$\varepsilon_2 = i_2 R_2 + \frac{Q}{C}$$

如果选取足够大的R_2和C使$i_2 R_2 \gg Q/C$,则

$$\varepsilon_2 = i_2 R_2$$

因为

$$i_2 = \frac{\mathrm{d}Q}{\mathrm{d}t} = C \frac{\mathrm{d}U_B}{\mathrm{d}t}$$

所以

$$\varepsilon_2 = CR_2 \frac{\mathrm{d}U_B}{\mathrm{d}t} \tag{4-24}$$

由式(4-23)、式(4-24)可得

$$B = \frac{CR_2}{N_2 S} U_B$$

式中,C,R_2,N_2和S均为已知常数.所以由U_B可确定B.

要用示波器测出某点的H,B,需要先在示波器上读出该点的坐标值,算出该点的U_H和U_B.

$$U_H = U_X = S_x X, \quad U_B = U_Y = S_y Y$$

式中X,Y分别为测量记录中的坐标值(单位:格),S_x(伏/格)为X轴的灵敏度(亦叫偏转因数)、S_y(伏/格)为Y轴的灵敏度.因此

$$H = \frac{N_1}{LR_1} \cdot U_H = \frac{N_1}{LR_1} S_x X$$

$$B = \frac{CR_2}{N_2 S} U_B = \frac{CR_2}{N_2 S} S_y Y$$

综上所述,只要将图 4.25 中的U_H和U_B分别加到示波器的"X 输入"和"Y 输入"便可观察样品的 B-H 曲线,并可用示波器测出U_H和U_B值,进而根据公式计算出 B 和 H;用同样方法,还可求得饱和磁感应强度 B_S、剩磁 R_r、矫顽力 H_D、磁滞损耗 W_{BH} 以及磁导率 μ 等参数.

四、实验步骤

(1) 电路连接.选样品 1 或 2 按实验仪上所给的电路图连接线路,并令 $R_1 = 2.5\ \Omega$,"U 选择"置于 0 位.U_H和U_B分别接示波器的"X 输入"和"Y 输入",插孔为

公共端.

（2）开启实验仪电源,使分压器输出电压为零.开启示波器电源,令光点位于坐标网格中心.

（3）测绘基本磁化曲线.

① 样品退磁.对试样进行退磁,即顺时针方向转动"U 选择"旋钮,从 $U=0$ 开始,逐挡提高励磁电压,将在显示屏上得到面积由小到大一个套一个的一簇磁滞回线.调节可变电阻 R_2 使图形最佳,同时分别调节示波器 X 轴和 Y 轴的灵敏度,使图形大小适当(即能准确读出接近饱和的磁滞回线上各点的坐标).当磁滞回线接近饱和后,逆时针方向转动旋钮,将 U 从最大值降为 0,其目的是消除剩磁,确保样品处于磁中性状态,即 $B=H=0$,如图 4.26 所示.

② 调节分压器,从 0 开始分 8～10 次逐步增加输出电压,使磁滞回线由小逐级变大,分别记录每条磁滞回线正顶点的坐标.

（4）测绘磁滞回线.调节分压器的输出电压,使磁滞回线接近饱和,并使显示屏上出现图形大小合适的磁滞回线(若图形顶部出现编织状的小环,如图 4.27 所示,可降低励磁电压 U 予以消除),记录 10～12 个点的坐标值.

（5）观察、测量并比较样品 1 和样品 2 的磁化性能.

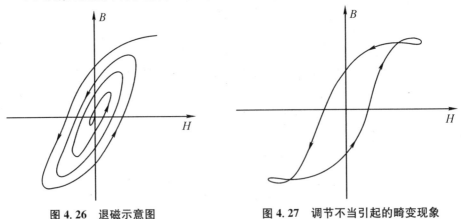

图 4.26　退磁示意图　　　　　图 4.27　调节不当引起的畸变现象

五、数据处理

（1）根据已知条件 $L=75$ mm,$S=120$ mm²,$N_1=150$ 匝,$N_2=150$ 匝,$C=20$ μF,$R_2=10$ kΩ,将各条磁滞回线的正顶点坐标换算成 H 值和 B 值后(表 4.10),再把它们描在坐标纸上,将各点连成光滑曲线,即为基本磁化曲线.

表 4.10　不同 μ 条件下 H_m 与 B_m 以及 μ 的关系表

U	H_m	B_m	μ

（2）将测出的磁滞回线上的各点坐标同样换算成 H 值和 B 值后，再把它们描在坐标纸上，将各点连成光滑曲线，即为磁滞回线.

六、注意事项

（1）为了避免样品磁化后温度过高，初级线圈通电时间应尽量缩短，通过电流不可过大.

（2）在测基本磁化曲线时，调好磁滞回线大小后，必须先进行退磁.

（3）示波器的 X 轴和 Y 轴灵敏度确定后，在整个实验过程中不能再调.

七、思考题

（1）为什么示波器能显示铁磁材料的磁滞回线？

（2）为什么在测量时必须先进行退磁？怎样进行退磁？

（3）如何估算磁滞损耗？

八、背景资料

铁磁材料的动态磁化特性曲线是指其在交变磁场磁化下，所得到的 B-H 关系曲线，即动态磁滞回线、动态技术磁化曲线等.

动态和静态磁化特性曲线的形状是有区别的. 就磁滞回线来说，静态磁滞回线的形状与磁化场的大小有关，而动态磁滞回线不仅与磁化场的大小有关，还与磁化的频率有关. 不同的磁化场，不同的频率，磁滞回线的形状往往不同. 在测量静态磁滞回线时，铁磁样品中仅存在磁滞损耗，而测量动态磁滞回线时，样品中不仅有磁滞损耗，还有涡流损耗，因此，同一材料样品在相同大小磁场的磁化下，动态磁滞回线较静态磁滞回线横向加宽，即封闭曲线内面积大一些，这表明交变磁化的损耗加大.

实验七 分光计的调节及光栅常数的测定

一、实验目的

(1) 了解分光计构造的基本原理.
(2) 学习分光计的调整技术,掌握分光计的正确使用方法.
(3) 利用分光计测定光栅常数.

二、实验仪器

JJY1′型分光计一台(图 4.28),汞灯一台,双平面镜,光栅.

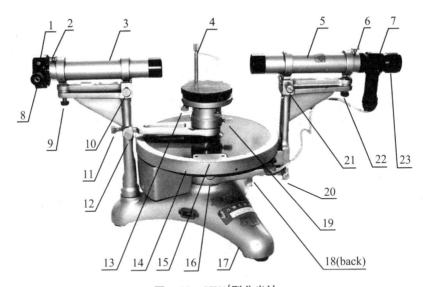

图 4.28 JJY1′型分光计

1—狭缝装置;2—狭缝装置锁紧螺钉;3—平行光管;4—元件夹;5—望远镜;6—目镜锁紧螺钉;
7—阿贝式自准直目镜;8—狭缝宽度调节旋钮;9—平行光管光轴高低调节螺钉;
10—平行光管光轴水平调节螺钉;11—游标盘止动螺钉;12—游标盘微调螺钉;
13—载物台调平螺钉(3 只);14—度盘;15—游标盘;16—度盘止动螺钉;17—底座;
18—望远镜止动螺钉;19—载物台止动螺钉;20—望远镜微调螺钉;
21—望远镜光轴水平调节螺钉;22—望远镜光轴高低调节螺钉;23—目镜视度调节手轮

三、实验原理

光栅是由许多等宽度 a（透光部分）、等间距 b（不透光部分）的平行缝组成的一种分光元件，$a+b=d$ 称为光栅常数. 当单色平行光垂直入射到衍射光栅上，通过每个缝的光都将发生衍射，不同缝的光彼此干涉，当衍射角满足光栅方程

$$d\sin\varphi = k\lambda \quad (k = 0, \pm1, \pm2, \cdots) \tag{4-25}$$

时，光波加强，产生主极大. 若在光栅后加一个会聚透镜，则在其焦平面上形成分隔开的对称分布的细锐明条纹，如图 4.29 所示.

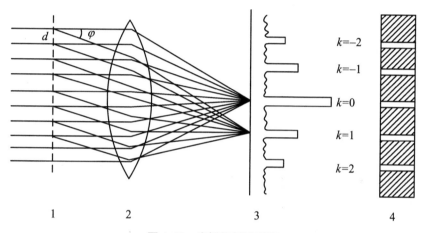

图 4.29 光栅衍射原理图
1—光栅；2—透镜；3—光强分布图；4—光栅衍射条纹

在式（4-25）中，λ 为单色光波长，k 是明条纹级数. 如果光源是包含不同波长光波的复色光，经光栅衍射后，对不同波长的光，除零级外，由于同一级主极大有不同的衍射角 φ，因此在零级主极大两边出现对称分布、按波长次序排列的谱线，称为光栅光谱. 根据光栅方程，若以已知波长的单色平行光垂直入射，只要测出对应级次条纹的衍射角 φ，即可求出光栅常数 d. 同样，若 d 已知，即可求得入射光波长 λ.

四、实验步骤

在进行分光计的调节前，首先应明确对分光计的调节要求：① 望远镜适合观察平行光，或称望远镜聚焦于无穷远；② 平行光管能发射平行光；③ 望远镜和平行光管的光轴均与分光计中心轴正交. 然后对照仪器熟悉结构和各调节螺钉的作用.

（一）目测粗调

用眼睛直接观察,调节望远镜和平行光管的光轴高低调节螺钉(22 和 9),使两者的光轴尽量呈水平状态;调节载物台下三只调平螺钉 13,使载物台呈水平状态.粗调完成得好,可以减少后面细调的盲目性,使实验顺利进行.

（二）细调

1. 调节望远镜适合观察平行光

（1）目镜的调焦.调节目镜视度调节手轮 23,使视场中能看到分划板上清晰的"キ"形叉丝像.

（2）接通望远镜灯源,把平面镜按图 4.30 所示位置放在载物台上,缓慢转动载物台,从望远镜中可见一光斑,若找不到说明粗调未调好,这时可用眼睛观察平面镜,找到反射光束,调节载物台和望远镜光轴位置,使望远镜能接收到反射光束,从目镜视场中看到光斑.

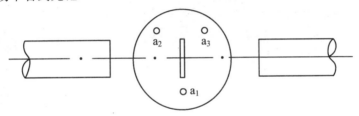

图 4.30　平面镜在载物台上的位置

（3）望远镜的调焦.松开目镜锁紧螺钉 6,前后移动目镜筒,当光斑变为清晰的绿"十"字像,并且与分划板"キ"形叉丝无视差时,望远镜已调焦至无穷远,适合观察平行光了.

2. 调节望远镜光轴垂直于分光计中心轴

转动载物台 180°,观察视场中有无绿"十"字像,若没有则应适当调节载物台水平和望远镜光轴的高低,直至任意转动载物台 180°均能在望远镜中看到经平面镜正、反两面反射的绿"十"字像.

从前面分光计的调节原理知道,当望远镜光轴垂直于分光计中心轴时,经平面镜正、反两面反射的"十"字像均应重合在分划板"キ"叉丝上的横丝上(图 4.31).在一般情况下,视场中看到两面绿"十"字像并不重合,需要继续仔细配合调节载物台和望远镜.可先调载物台调平螺钉(a_2 或 a_3),使绿"十"字像到"キ"形叉丝上的横丝距

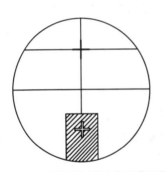

图 4.31　分划板"十"字像调节位置

离减少一半;再调望远镜光轴的俯仰调节螺钉,使绿"十"字像与上横丝重合.然后转动载物台180°,重复上面的调节步骤,反复几次即可调好.此后望远镜光轴高低调节螺钉不可再动.

3. 调节载物平台法线与分光计中心轴平行

将平面镜相对载物台转动90°,然后转动载物台90°,调平台调平螺钉 a_1 使平面镜反射的绿"十"字像与"丰"形叉丝上的横形重合.

4. 调节平行光管能发射平行光

关闭望远镜灯源,点燃光源使光照亮平行光管狭缝.用已调好的望远镜对准平行光管观察,松开狭缝装置锁紧螺钉2,前后移动狭缝套筒,使望远镜中看到清晰的狭缝像,并且与叉丝无视差,此时平行光管发出平行光;调节狭缝宽度调节手轮8,从望远镜中观察到缝宽约1 mm.

5. 调节平行光管光轴垂直于分光计中心轴

松开狭缝装置锁紧螺钉2,转动狭缝成水平状态,调节平行光管光轴高低调节螺钉9,使望远镜中看到狭缝像的缝宽被分划板中央横丝上下平分(图4.32左图),再转动狭缝90°呈竖直状态,狭缝被中央竖丝左右平分(图4.32右图).此时,平行光管光轴与分光计中心轴垂直.在调节过程中应始终保持狭缝像清晰.

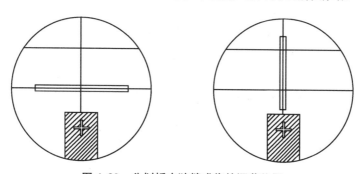

图4.32　分划板中狭缝成像的调节位置

(三)测量光栅衍射角

将平行光管正对汞灯,并将光栅放在载物台上使其与平行光管光轴垂直,在中心位置找到其零级衍射条纹,该条纹颜色为汞灯发出的原色光.先向左转动望远镜,可以看到紫光的一级衍射条纹,将该条纹对准于分划板中间的竖线,记录下此时刻度盘左、右两端的读数(θ_1 和 θ_1'),分别记录至表4.11中.再向右转动望远镜,找到右侧紫光的一级衍射条纹,同样记录下此时的 θ_1 和 θ_1',填入表4.11中.按同样的方法,测量出绿光左右两侧的一级衍射条纹的 θ_1 和 θ_1'.

表 4.11 衍射角测试数据记录表

光谱线	次数	目镜竖丝位置	左端刻度盘读数	右端刻度盘读数
紫光	1	左一级	θ_1	θ'_1
		右一级	θ_2	θ'_2
	2	左一级		
		右一级		
绿光	3	左一级		
		右一级		
	4	左一级		
		右一级		

如此,按

$$\varphi = \frac{1}{4}(\,|\,\theta_2 - \theta_1\,| + |\,\theta'_2 - \theta'_1\,|) \tag{4-26}$$

计算得到本光栅对汞灯紫光和绿光的一级衍射角.

将光栅变换一下位置,再转动载物台使其与平行光管光轴垂直,重复测试以上数据,求得此光栅对紫光和绿光的一级衍射角两次测量的平均值 $\overline{\varphi}$.

(四)数据处理

首先将得到的绿光衍射角平均值 $\overline{\varphi}_{绿}$ 代入光栅方程,计算光栅常数,得

$$d = \frac{k\lambda_{绿}}{\sin \overline{\varphi}_{绿}} \tag{4-27}$$

此时取 $\lambda_{绿} = 546.1$ nm. 由于测试的是一级衍射条纹,因此 $k=1$. 由此求出光栅常数 d. 注意 $\overline{\varphi}$ 要化为弧度.

为了验证实验误差,再将紫光的衍射角平均值 $\overline{\varphi}_{紫}$ 代入光栅方程,计算紫光的波长,得

$$\lambda_{紫} = \frac{d\sin \overline{\varphi}_{紫}}{k} \tag{4-28}$$

根据紫光的标准波长 $\lambda_{紫标} = 435.8$ nm,求出实验误差,得

$$E = \frac{|\lambda_{紫} - \lambda_{紫标}|}{\lambda_{紫标}} \tag{4-29}$$

五、注意事项

(1)移动望远镜时,只能推动立柱,不允许搬动镜筒及目镜.

(2)取放双面镜及光栅时只能拿边缘,不许触摸表面,且严防失手摔碎;不许擦拭光栅.

(3)狭缝宽度要在教师指导下缓慢调节.

六、思考题

(1) 分光计由哪几个主要部件组成? 它们的作用各是什么?

(2) 望远镜光轴与分光计的主轴垂直的过程中为什么要用各半调节法?

实验八 牛顿环实验

一、实验目的

(1) 观察等厚干涉现象,了解等厚干涉的原理和特点.

(2) 学习用牛顿环测量透镜曲率半径及用劈尖干涉测量薄片厚度的方法.

(3) 正确使用测量显微镜,学习用逐差法处理数据.

二、实验仪器

牛顿环装置,劈尖装置,测量显微镜,钠光灯.

三、实验原理

频率相同、振动方向相同和相位差固定的光束才能产生干涉,可以用分波阵面法和分振幅法获得干涉光,薄膜等厚干涉属于后者,它是利用透明膜上、下表面对入射光的依次反射得到两束反射光,这两束反射光在相遇时会发生干涉,其光程差取决于产生反射光的薄厚程度. 光的干涉现象说明了光具有波动性,等厚干涉可用来检验零件表面的光洁度和平直度,精密测量曲面的曲率半径、薄膜厚度和微小角度,还可以研究零件的内应力分布,测定样品的膨胀系数.

(一) 牛顿环

将一块曲率半径 R 很大的平凸透镜的凸面放在一块光学平板玻璃上,在透镜的凸面和平板玻璃之间形成一层空气薄膜,当以波长为 λ 的平行单色光垂直入射时,入射光将在平凸透镜的下表面和平板玻璃的上表面反射,反射光在空气薄膜的上表面处相互干涉,如图 4.33 所示.因此,在显微镜下观察到的干涉条纹,是一簇以接触点为圆心的明暗交替的同心圆环,其中心为一暗斑,离中心越远,圆环分布越密,这种干涉图样称为牛顿环,如图 4.34(a) 所示.

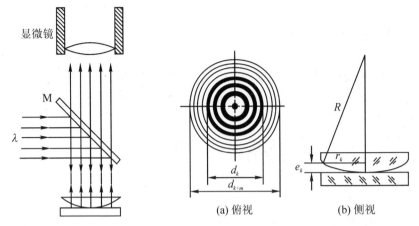

图 4.33　用显微镜观测牛顿环示意图　　**图 4.34　用牛顿环测量透镜曲率半径示意图**

若以 e 表示空气隙某位置的厚度,以 δ 表示两束反射光的光程差,根据干涉条件可得

$$\delta = 2e + \frac{\lambda}{2} = \begin{cases} 2k\,\dfrac{\lambda}{2} & (k=1,2,3,\cdots) \quad \text{为明条纹} \\[2mm] (2k+1)\,\dfrac{\lambda}{2} & (k=0,1,2,\cdots) \quad \text{为暗条纹} \end{cases} \tag{4-30}$$

由式(4-30)可以看出,光程差取决于产生反射光的薄膜厚度 e,同一条干涉条纹所对应的空气薄膜厚度相同,故称为等厚干涉.

用 r_k 表示第 k 级暗环的半径,e_k 表示该级暗环处对应的空气隙的厚度,可由图 4.34(b)中的直角三角形得

$$r_k^2 = R^2 - (R-e_k)^2 = 2Re_k - e_k^2 \tag{4-31}$$

由于 $R \gg e_k$,则 $e_k^2 \ll 2Re_k$,可以将 e_k^2 略去,再把暗环形成条件 $e_k = k\dfrac{\lambda}{2}$ 代入式(4-31),得

$$r_k^2 = kR\lambda \quad (k=0,1,2,\cdots) \tag{4-32}$$

但是透镜与平板玻璃接触时,由于压力引起玻璃弹性变形,接触处成为一个圆面.因此,牛顿环中心不是一个点,而是一个清晰的圆斑,这就使 k 与 r_k 难以准确测定.用暗环直径 d_k 代替其半径 r_k,由式(4-32)可推得

$$R = \frac{r_{k+m}^2 - r_k^2}{m\lambda} = \frac{d_{k+m}^2 - d_k^2}{4m\lambda} \tag{4-33}$$

此式不含 k,只需数出相对级数差 m,测出对应的暗环直径 d_{k+m},d_k,即可求得透镜曲率半径 R.

(二) 劈尖干涉

将两块平板光学玻璃叠放在一起,在一端夹入一薄片或细丝,则在两玻璃板间

形成一劈尖形空气隙. 当用波长为 λ 的单色光垂直照射时,和牛顿环一样,在劈尖薄膜上、下两表面反射的两束光发生干涉,在显微镜下可以观察到一簇平行于劈棱的明暗相间的等间距干涉条纹,如图 4.35(b) 所示. 假如夹薄片后劈尖正好呈现 N 级暗条纹,显然,薄片厚度为

$$D = N\frac{\lambda}{2} \tag{4-34}$$

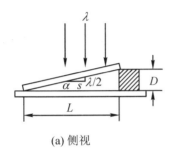

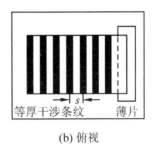

(a) 侧视 　　　　　　　　　　(b) 俯视

图 4.35　用劈尖干涉测量厚度示意图

若用 s 表示相邻两暗纹间的距离,用 L 表示劈尖的长度,已知相邻两暗纹所对应的空气隙厚度差为 $e_{k-1}-e_k=\dfrac{\lambda}{2}$,则有

$$a \approx \tan a = \frac{\lambda/2}{s} = \frac{D}{L}$$

薄片厚度为

$$D = \frac{L}{s} \cdot \frac{\lambda}{2} \tag{4-35}$$

由式(4-34)和式(4-35)可测定薄片厚度 D,注意如果 N 不是整数,可估到 10 分位来计算 D.

四、实验步骤

(一) 测量平凸透镜的曲率半径 R

测量前先调整好测量显微镜,使十字叉丝清晰,且分别与 X,Y 轴大致平行,然后将目镜固紧. 用钠光灯做单色光源,波长 $\lambda=589.3$ nm. 将牛顿环装置放在测量显微镜载物台上,轻轻转动镜筒上的反光玻璃片 M,使它对准光源的方向,且倾角约为 $45°$,这时显微镜中视场较明亮. 转动显微镜调焦手轮进行聚焦,直至观察到清晰的一簇同心圆条纹为止. 在中心圆斑左侧选定某一牛顿环为第 6 级,顺次向左数至第 16 级,然后倒回来使叉丝垂直线对准第 15 级暗环,转动 X 轴测微鼓轮,垂直

线对准(与干涉环相切)第 15 级暗环,开始读取位置读数,逐个条纹测量直到第 6 级.继续向右移动载物台,经过中心圆斑后,直至右侧选定的第 6 级暗环又开始读数,逐条测到第 15 级为止.读数时,使载物台朝一个方向移动的目的是避免螺距差.

(二) 测量金属箔的厚度 D

用显微镜观察劈尖干涉的平行直条纹,再调整劈尖装置的位置和方向,使得移动载物台时,劈尖上所有干涉条纹都能在目镜中显现,且干涉条纹与十字叉丝的垂直线平行.转动 X 轴测微鼓轮,进行测量读数.数出劈尖干涉长度上的暗纹总级数,测三次劈尖长度.为了提高暗纹间距 s 的测量准确度,用逐差法求 s,多次测量,每隔 10 条暗纹读一次数,直到第 80 条.

五、数据记录

将测量的读数分别记入表 4.12 和表 4.13 中,并用逐差法分别计算牛顿环直径的平方差 $\bar{u}$ 和劈尖干涉的暗纹间距 $\bar{s}$,填入表中.

用式(4-34)计算 R,估算平均值 $\bar{u}$ 的标准偏差 $s_{\bar{u}}$,波长 λ 不计误差,求出 s_R 和 E_R,用 $R=\bar{R}\pm s_R$ 的形式表示测量结果.

用式(4-35)计算 D 值,不计算误差.再用式(4-35)计算 D 值,并估算平均值 $\bar{l}$ 和 $\bar{L}$ 的标准偏差 $s_{\bar{l}}$ 和 $s_{\bar{L}}$ 及其相对误差 $E_{\bar{l}}$ 和 $E_{\bar{L}}$,然后求出 s_D 和 E_D,并以 $D=\bar{D}\pm s_D$ 的形式表示测量结果.

表 4.12　平凸透镜曲率半径 R 的测量

级数 k	读数(mm)		d_k|末—初| (mm)	d_k^2(mm^2)	$u_k=d_{k+5}^2-d_k^2$(mm^2)
	初(左)	末(右)			

表 4.13 金属箔厚度 D 的测量

条纹级数	10 条暗纹宽度 $10s$ (mm)	条纹间距 s (mm)	劈尖长度 L_1(mm)	劈尖长度 L_2(mm)	劈尖长度 L_3(mm)	金箔厚度 D(mm)		
10								
20								
30								
40								
50								
60								
70								
80								

六、注意事项

(1) 45°反光玻璃片的位置要放正确,应使钠光反射后垂直照射在牛顿环或劈尖上,而不是直接将钠光反射到显微镜中.

(2) 为了避免螺纹间隙产生的测量误差,每次测量中,测微鼓轮只能朝一个方向转动,中途不可倒转.

(3) 对牛顿环进行测量时,注意干涉环中心两边的对应级数不能数错.

七、思考题

(1) 在牛顿环实验中,如果平板玻璃上有微小的凸起,导致牛顿环产生了畸变.试问该处的牛顿环将局部内凹还是外凸? 为什么?

(2) 如果牛顿环中心是个亮斑,分析一下是什么原因造成的? 对 R 的测量有无影响? 试证明之.

(3) 为什么牛顿环离中心越远,条纹越密?

(4) 透射光的牛顿环是怎样形成的? 如何观察? 它和反射光的牛顿环在明暗上有何区别?

(5) 为什么说测量显微镜测出的是牛顿环的直径,而不是显微镜内牛顿环放大像的直径? 如果改变显微镜的放大倍数,是否会影响测量结果?

(6) 用白光作为光源,能否观察到牛顿环和劈尖干涉条纹? 为什么?

(7) 在劈尖干涉实验中,干涉条纹虽是相互平行的直条纹,但彼此间距不等,这是什么原因引起的? 如果干涉条纹看起来仍是直的,但彼此不平行,这又是什么原因所致?

八、背景资料

　　光的干涉图样是牛顿在 1675 年首先观察到的. 将一块曲率半径较大的平凸透镜放在一块玻璃平板上,用单色光照射透镜与玻璃板,就可以观察到一些明暗相同的同心圆环. 圆环分布是中间疏、边缘密,圆心在接触点 O. 从反射光看到的牛顿环中心是暗的,从透射光看到的牛顿环中心是明的. 若用白光入射,将观察到彩色圆环. 牛顿环是典型的等厚薄膜干涉. 平凸透镜的凸球面和玻璃平板之间形成一个厚度均匀变化的圆尖劈形空气薄膜,当平行光垂直射向平凸透镜时,从尖劈形空气膜上、下表面反射的两束光相互叠加而产生干涉. 同一半径的圆环处空气膜厚度相同,上、下表面反射光程差相同,因此使干涉图样呈圆环状. 这种由同一厚度薄膜产生同一干涉条纹的干涉称作等厚干涉.

　　牛顿在光学中的一项重要发现就是"牛顿环". 这是他在进一步考察胡克研究的肥皂泡薄膜的色彩问题时提出来的. 具体的牛顿环实验是这样的:取来两块玻璃体,一块是 14 英尺(1 英尺=0.3048 米)望远镜用的平凸镜,另一块是 50 英尺左右望远镜用的大型双凸透镜. 在双凸透镜上放上平凸镜,使其平面向下,当把玻璃体互相压紧时,接触点的周围会出现各种颜色,形成色环. 这些颜色又在圆环中心相继消失. 在压紧玻璃体时,在别的颜色中心最后现出的颜色,初次出现时看起来像是一个从周边到中心几乎均匀的色环,再压紧玻璃体时,色环会逐渐变宽,直到新的颜色在其中心现出. 如此继续下去,第三、第四、第五种以及跟着的其他颜色不断在中心现出,并成为包在最内层颜色外面的一组色环,最后一种颜色是黑点. 反之,如果抬起上面的玻璃体,使其离开下面的透镜,色环的直径就会偏小,其周边宽度则增大,直到其颜色陆续到达中心,后来它们的宽度变得相当大,就比以前更容易认出和识别它们的颜色了.

　　牛顿测量了六个环的半径(在其最亮的部分测量),发现这样一个规律:亮环半径的平方值是一个由奇数构成的算术级数,即 1,3,5,7,9,11,而暗环半径的平方值是由偶数构成的算术级数,即 2,4,6,8,10,12. 在凸透镜与平板玻璃接触点附近的横断面,水平轴画出了用整数平方根标的距离:$\sqrt{1}=1,\sqrt{2}=1.41,\sqrt{3}=1.73,\sqrt{4}=2,\sqrt{5}=2.24$. 在这些距离处,牛顿观察到交替出现的光的极大值和极小值. 从图中看到,两玻璃之间的垂直距离是按简单的算术级数 1,2,3,4,5,6⋯增大的. 这样,知道了凸透镜的半径后,就很容易算出暗环和亮环处的空气层厚度,牛顿当时测量的情况是这样的:用垂直入射的光线得到的第一个暗环的最暗部分的空气层厚度为 1/189000 英寸(1 英寸=0.0254 米),将这个厚度的一半乘以级数 1,3,4,7,9,11,就可以给出所有亮环的最亮部分的空气层厚度,即为 1/378000,3/378000,5/378000,7/378000,⋯它们的算术平均值 2/378000,4/378000,6/378000,⋯是暗环最暗部分的空气层厚度.

　　牛顿还用水代替空气,从而观察到色环的半径将减小.他不仅观察了白光的干涉条纹,而且还观察了单色光所呈现的明暗相间的干涉条纹.

　　牛顿环装置常用来检验光学元件表面的准确度.如果改变凸透镜和平板玻璃间的压力,能使其间空气薄膜的厚度发生微小变化,条纹就会移动.用此原理可以精密地测定压力或长度的微小变化.

　　按理说,牛顿环乃是光的波动性的最好证明之一,可牛顿不从实际出发,而是从他所信奉的微粒说出发来解释牛顿环的形成.他认为光是一束通过高速运动的粒子流,因此为了解释牛顿环的出现,他提出了一个"一阵容易反射,一阵容易透射"的复杂理论.根据这一理论,他认为:"每条光线在通过任何折射面时都要进入某种短暂的状态,这种状态在光线入射过程中每隔一定时间又复原,并在每次复原时倾向于使光线容易透过下一个折射面,在两次复原之间,则容易被下一个折射面反射."他还把每次返回和下一次返回之间所经过的距离称为"阵发的间隔".实际上,牛顿在这里所说的"阵发的间隔"就是波动中所说的"波长".为什么会这样呢?牛顿却含糊地说:"至于这是什么作用或倾向,它就是光线的圆圈运动或振动,还是介质或别的什么东西的圆圈运动或振动,我这里就不去探讨了."

　　因此,牛顿虽然发现了牛顿环,并做了精确的定量测定,可以说已经走到了光的波动说的边缘,但由于过分偏爱他的微粒说,始终无法正确解释这个现象.事实上,这个实验倒可以成为光的波动说的有力证据之一.直到19世纪初,英国科学家托马斯·杨才用光的波动说完满地解释了牛顿环实验.

实验教学视频

第五章 设计性实验

实验一 电表改装与校准

一、实验目的

(1) 测量表头内阻及满度电流.

(2) 掌握将 1 mA 表头改成较大量程的电流表和电压表的方法.

(3) 设计一个 $R_{中} = 1500\ \Omega$ 的欧姆表,要求 E 在 $1.3 \sim 1.6$ V 范围内使用能调零.

(4) 用电阻器校准欧姆表,画校准曲线,并根据校准曲线用组装好的欧姆表测未知电阻.

(5) 学会校准电流表和电压表的方法.

二、实验仪器

DH4508 型电表改装与校准实验仪.

三、实验原理

常见的磁电式电流计主要由放在永久磁场中的由细漆包线绕制的可以转动的线圈、用来产生机械反力矩的游丝、指示用的指针和永久磁铁组成. 当电流通过线圈时,载流线圈在磁场中就产生一磁力矩 $M_{磁}$,使线圈转动,从而带动指针偏转. 线圈偏转角度的大小与通过电流的大小成正比,所以可由指针的偏转直接指示出电流值.

(一) 测量内阻

电流计允许通过的最大电流称为电流计的量程,用 I_g 表示,电流计的线圈有一定内阻,用 R_g 表示, I_g 与 R_g 是两个表示电流计特性的重要参数.

测量内阻 R_g 的常用方法有:

1. 半电流法(也称中值法)

测量原理图如图 5.1 所示,当被测电流计接在电路中时,使电流计满偏,再用十进位电阻箱与电流计并联作为分流电阻,改变电阻值即改变分流程度,当电流计指针指示到中间值,且标准表读数(总电流强度)仍保持不变,可通过调电源电压和 R_W 来实现,显然这时分流电阻值就等于电流计的内阻.

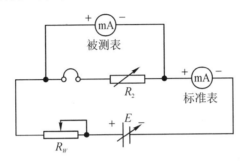

图 5.1　半电流法

2. 替代法

测量原理图如图 5.2 所示,当被测电流计接在电路中时,用十进位电阻箱替代它,改变电阻值,当电路中的电压不变时,电路中的电流(标准表读数)亦保持不变,则电阻箱的电阻值即为被测电流计的内阻.

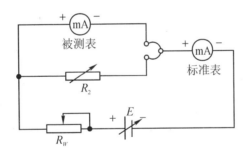

图 5.2　替代法

替代法是一种运用很广的测量方法,具有较高的测量准确度.

(二) 改装为大量程电流表

根据电阻并联规律可知,如果在表头两端并联上一个阻值适当的电阻 R_2,如图 5.3 所示,可使表头不能承受的那部分电流从 R_2 上分流通过.这种由表头和并联电阻 R_2 组成的整体(图中虚线框住的部分)就是改装后的电流表.如需将量程扩大 n 倍,则不难得出

$$R_2 = R_g/(n-1) \tag{5-1}$$

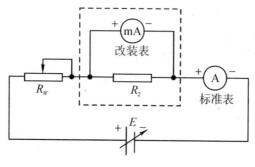

图 5.3　电流表

图 5.3 为扩流后的电流表原理图. 用电流表测量电流时,电流表应串联在被测电路中,所以要求电流表应有较小的内阻. 另外,在表头上并联阻值不同的分流电阻,可制成多量程的电流表.

(三) 改装为电压表

一般表头能承受的电压很小,不能用来测量较大的电压. 为了测量较大的电压,可以给表头串联一个阻值适当的电阻 R_M,如图 5.4 所示,使表头上不能承受的那部分电压降落在电阻 R_M 上. 这种由表头和串联电阻 R_M 组成的整体就是电压表,串联的电阻 R_M 叫作扩程电阻. 选取不同大小的 R_M,就可以得到不同量程的电压表. 由图 5.4 可求得扩程电阻值为

$$R_M = \frac{U}{I_g} - R_g \tag{5-2}$$

用电压表测电压时,电压表总是并联在被测电路上,为了不因并联电压表而改变电路中的工作状态,电压表应有较高的内阻.

(四) 改装毫安表为欧姆表

用来测量电阻大小的电表称为欧姆表. 根据调零方式的不同,可分为串联分压式和并联分流式两种,其原理电路如图 5.5 所示.

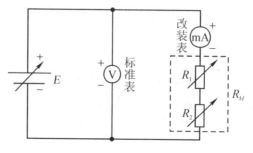

图 5.4　电压表

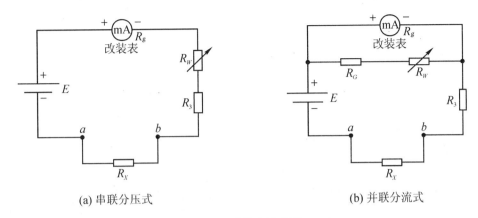

(a) 串联分压式　　　　　　　　　　　　　　　　　(b) 并联分流式

图 5.5　欧姆表原理图

图 5.5 中 E 为电源，R_3 为限流电阻，R_W 为调"零"电位器，R_X 为被测电阻，R_g 为等效表头内阻. 图 5.5(b) 中，R_g 与 R_W 一起组成分流电阻.

欧姆表使用前先要调"零"点，即 a,b 两点短路（相当于 $R_X=0$），调节 R_W 的阻值，使表头指针正好偏转到满度. 可见，欧姆表的零点是在表头标度尺的满刻度（即量限）处，与电流表和电压表的零点正好相反.

在图 5.5(a) 中，当 a,b 端接入被测电阻 R_X 后，电路中的电流为

$$I = \frac{E}{R_g + R_W + R_3 + R_X} \tag{5-3}$$

对于给定的表头和线路来说，R_g，R_W，R_3 都是常量. 由此可见，当电源端电压 E 保持不变时，被测电阻和电流值有一一对应的关系，即接入不同的电阻，表头就会有不同的偏转读数，R_X 越大，电流 I 越小. 短路 a,b 两端，即 $R_X=0$ 时，

$$I = \frac{E}{R_g + R_W + R_3} = I_g \tag{5-4}$$

这时指针满偏.

当 $R_X = R_g + R_W + R_3$ 时，

$$I = \frac{E}{R_g + R_W + R_3 + R_X} = \frac{1}{2} I_g \tag{5-5}$$

这时指针在表头的中间位置，对应的阻值为中值电阻，显然 $R_中 = R_g + R_W + R_3$.

当 $R_X = \infty$（相当于 a,b 开路）时，$I=0$，即指针在表头的机械零位.

所以欧姆表的标度尺为反向刻度，且刻度是不均匀的，电阻 R 越大，刻度间隔愈密. 如果表头的标度尺预先按已知电阻值刻度，就可以用电流表来直接测量电阻了.

并联分流式欧姆表利用对表头分流来进行调零，具体参数可自行设计.

欧姆表在使用过程中电池的端电压会有所改变，而表头的内阻 R_g 及限流电阻 R_3 为常量，故要求 R_W 跟着 E 的变化而改变，以满足调"零"的要求，设计时用可调电源模拟电池电压的变化，范围取 $1.3 \sim 1.6 \, \text{V}$ 即可.

四、实验步骤

仪器在进行实验前应对毫安表进行机械调零.

1. 用中值法或替代法测出表头的内阻,按图 5.1 或图 5.2 接线

2. 将一个量程为 1 mA 的表头改装成 5 mA 量程的电流表

(1) 根据式(5-1)计算出分流电阻值,先将电源调到最小,R_W 调到中间位置,再按图 5.3 接线.

(2) 慢慢调节电源,升高电压,使改装表指到满量程(可配合调节 R_W 变阻器),这时记录标准表读数.注意:R_W 作为限流电阻,阻值不要调至最小值.然后调小电源电压,使改装表每隔 1 mA(满量程的 1/5)逐步减小读数直至零点(将标准电流表选择开关打在 20 mA 挡量程),再调节电源电压,按原间隔逐步增大改装表读数到满量程,每次记下标准表相应的读数于表中.

(3) 以改装表读数为横坐标,以标准表由大到小及由小到大调节时两次读数的平均值为纵坐标,在坐标纸上作出电流表的校正曲线,并根据两表最大误差的数值定出改装表的准确度级别.

(4) 重复以上步骤,将 1 mA 表头改装成 10 mA 表头,每隔 2 mA 测量一次(可选做).

(5) 将面板上的 R_G 和表头串联,作为一个新的表头,重新测量一组数据,并比较扩流电阻有何异同(可选做).

3. 将一个量程为 1 mA 的表头改装成 1.5 V 量程的电压表

(1) 根据式(5-2)计算扩程电阻 R_M 的阻值,可用 R_1,R_2 进行实验.

(2) 按图 5.4 连接校准电路.用量程为 2 V 的数显电压表作为标准表来校准改装的电压表.

(3) 调节电源电压,使改装表指针指到满量程(1.5 V),记下标准表读数.然后间隔 0.3 V 逐步减小改装表读数,直至零点,再按原间隔逐步增大到满量程,每次记下标准表相应的读数.

(4) 以改装表读数为横坐标,以标准表由大到小及由小到大调节时两次读数的平均值为纵坐标,在坐标纸上作出电压表的校正曲线,并根据两表最大误差的数值定出改装表的准确度级别.

(5) 重复以上步骤,将 1 mA 表头改成 5 V 表头,可按每隔 1 V 测量一次(可选做).

4. 改装欧姆表及标定表面刻度

(1) 根据表头参数 I_g 和 R_g 以及电源电压 E,选择 R_W 为 470 Ω,R_3 为 1 kΩ,也可自行设计确定.

(2) 按图 5.5(a)进行连线.将 R_1,R_2 电阻箱(这时作为被测电阻 R_X)接于欧姆表的 a,b 端,调节 R_1,R_2,使 $R_{\text{中}} = R_1 + R_2 = 1500$ Ω.

(3) 调节电源 $E = 1.5$ V,调 R_W 使改装表头指示为零.

（4）取电阻箱的电阻为一组特定的数值 R_{X_i}，读出相应的偏转格数 d_i．利用所得读数 R_{X_i}，d_i 绘制出改装欧姆表的标度盘．

（5）按图 5.5(b) 进行连线，设计一个并联分流式欧姆表．试与串联分压式欧姆表比较有何异同（可选做）．

五、数据处理

数据处理如表 5.1、表 5.2、表 5.3 所示．

表 5.1　改装后的电流表数据对比

改装表读数(mA)	标准表读数(mA)			示值误差 ΔI(mA)
	减小时	增大时	平均值	
1				
2				
3				
4				
5				

表 5.2　改装后的电压表数据对比

改装表读数(V)	标准表读数(V)			示值误差 ΔU(V)
	减小时	增大时	平均值	
0.3				
0.6				
0.9				
1.2				
1.5				

表 5.3　改装后的欧姆表数据对比

$R_{X_i}(\Omega)$	$\frac{1}{5}R_{中}$	$\frac{1}{4}R_{中}$	$\frac{1}{3}R_{中}$	$\frac{1}{2}R_{中}$	$R_{中}$	$2R_{中}$	$3R_{中}$	$4R_{中}$	$5R_{中}$
偏转格数 (d_i)									

六、注意事项

（1）仪器应按实验要求正确使用．
（2）使用完毕后应关闭电源开关．

七、思考题

（1）是否还有别的办法来测定电流计内阻？能否用欧姆定律进行测定？能否用电桥进行测定而又保证通过电流计的电流不超过 I_g？

(2) 设计 $R_{中}=1500\ \Omega$ 的欧姆表,现有两块量程分别为 1 mA 的电流表,其内阻分别为 250 Ω 和 100 Ω,你认为选哪块较好?

八、DH4508 型电表改装与校准实验仪使用说明

(一) 主要技术参数

(1) 指针式被改装表:量程 1 mA,内阻约 155 Ω,精度 1.5 级.

(2) 电阻箱:调节范围 0~11111.0 Ω,精度 0.1 级.

(3) 标准电流表:0~2 mA,0~20 mA 两量程,三位半数显,精度 ±0.5%.

(4) 标准电压表:0~2 V,0~20 V 两量程,三位半数显,精度 ±0.5%.

(5) 可调稳压源:输出范围 0~2 V,0~10 V 两量程,稳定度每分钟 0.1%,负载调整率 0.1%.

(6) 供电电源:交流 220 V±10%,50 Hz.

(7) 外形尺寸:400 mm×250 mm×130 mm.

(二) 使用说明

本仪器内附指针式电流计、标准电压表、电流表、可调直流稳压电源、十进式电阻箱、专用导线及其他部件,无需其他配件便可完成多种电表改装实验.

本仪器的面板如图 5.6 所示.

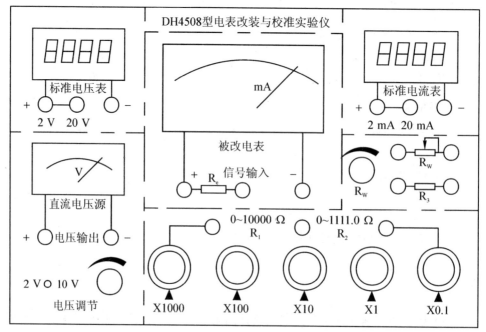

图 5.6　面板示意图

可调直流稳压源分为 2 V,10 V 两个量程,通过电压选择开关选择所需的电压输出,调节电压调节电位器,调节需要的电压.指针式电压表的指示也分为 2 V,10 V 两个量程.

标准数显电压表有 2 V,20 V 两个量程,通过电压量程选择开关选择不同的电压量程,需连接到对应的测量端方可测量.

标准数显电流表有 2 mA,20 mA 两个量程,通过电流量程选择开关选择不同的电流量程,需连接到对应的测量端方可测量.

实验二　　金属箔式应变片性能——单臂电桥

一、实验目的

了解金属箔式应变片、单臂电桥的工作原理和工作情况.

二、实验仪器

直流稳压电源,电桥,差动放大器,双平行梁测微头,一片应变片,F/V 表,主、副电源(旋钮初始位置:直流稳压电源打到 ±2 V 挡,F/V 表打到 2 V 挡,差动放大增益最大).

三、实验原理

四片基本相同的金属箔式应变片,用常温固化快干胶分别粘贴在被称为悬臂梁的弹性材料表面,其中两片贴在上表面,两片贴在对应位置的下表面,梁一端固定,当其另一端受力向下弯曲时,上表面两片应变片的敏感栅被拉长,电阻变大,而下面的被压缩,电阻变小.每个应变片的电阻变化率 $\Delta R/R$ 与悬臂梁受力或形变情况有关,想办法测出 $\Delta R/R$ 值与梁的受力和形变之间的关系,这样,知道 $\Delta R/R$ 值,由 $\Delta R/R$ 与形变关系即可推出梁的受力和形变的大小.

四、实验步骤

(1) 了解所需单元、部件在实验仪上所在的位置,观察梁上的应变片,应变片为棕色衬底箔式结构小方薄片.上、下两片梁的外表面各贴两片受力应变片和一片补偿应变片,测微头在双平行梁前面的支座上,可以上、下、前、后、左、右调节.

　　（2）将差动放大器调零.用连线将差动放大器的正（＋）、负（－）、地短接.将差动放大器的输出端与 F/V 表的输入插口 V_i 相连；开启主、副电源，调节差动放大器的增益到最大位置，然后调整差动放大器的调零旋钮使 F/V 表显示为零，关闭主、副电源.

　　（3）根据图 5.7 接线，R_1，R_2，R_3 为电桥单元的固定电阻，R_4 为应变片.将稳压电源的切换开关置 ±4 V 挡，F/V 表置 20 V 挡.调节测微头脱离双平行梁，开启主、副电源，调节电桥平衡网络中的 W_1，使 F/V 表显示为零，然后将 F/V 表置 2 V 挡，再调电桥 W_1（慢慢地调），使 F/V 表显示为零.

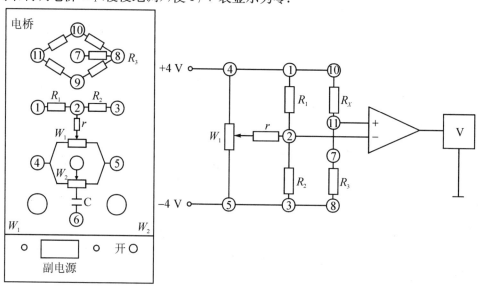

图 5.7　单臂电桥电路原理

　　（4）将测微头转动到 10 mm 刻度附近，安装到双平等梁的自由端（与自由端磁钢吸合），调节测微头支柱的高度（梁的自由端跟随变化），使 F/V 表显示最小，再旋动测微头，使 F/V 表显示为零（细调零），这时的测微头刻度为零位的相应刻度.

　　（5）往下或往上旋动测微头，使梁的自由端产生位移，记下 F/V 表显示的值.建议每旋动测微头一周，即 $\Delta X = 0.5$ mm，记一个数值.

　　（6）据所得结果计算灵敏度 $S = \Delta V/\Delta X$（式中，ΔX 为梁的自由端位移变化，ΔV 为相应 F/V 表显示的电压相应变化）.

　　（7）实验完毕，关闭主、副电源，所有旋钮转到初始位置.

五、数据处理

　　数据处理如表 5.4 所示.

表 5.4　数据处理表

位移(mm)				
电压(mV)				

六、注意事项

(1) 电桥上端所示的四个电阻实际上并不存在,仅作为一标记,让学生组桥容易.

(2) 为确保实验过程中输出指示不溢出,可先将砝码加至最大重量,如指示溢出,适当减小差动放大增益,此时差动放大器不必重调零.

(3) 做此实验时应将低频振荡器的幅度关至最小,以减小其对直流电桥的影响.

(4) 电位器 W_1,W_2 在有的型号仪器中标为 R_D,R_A.

七、思考题

(1) 本实验电路对直流稳压电源和放大器有何要求?

(2) 根据所给的差动放大器电路原理图,分析其工作原理,说明它既能做差动放大器,又可做同相或反相放大器.

八、DH-CG2000 型传感器实验台简介

实验台主要由四部分组成:传感器安装台、显示与激励源、传感器符号及引线单元、处理电路单元.

传感器安装台部分:双平行振动梁(应变片、热电偶、PN 结、热敏电阻、加热器、压电传感器、梁自由端的磁钢)、激振线圈、双平行梁测微头、光纤传感器的光电变换座、光纤及探头小机电、电涡流传感器及支座、电涡流传感器引线 Φ3.5 插孔、霍尔传感器的两个半圆磁钢、振动平台(圆盘)测微头及支架、振动圆盘(圆盘磁钢、激振线圈、霍尔片、电涡流检测片、差动变压器的可动芯子、电容传感器的动片组、磁电传感器的可动芯子)、扩散硅压阻式传感器、气敏传感器及湿敏元件安装盒.

显示及激励源部分:电机控制单元、主电源、直流稳压电源(±2 V 和±10 V 挡位调节)、F/V 数字显示表(可作为电压表和频率表)、动圈毫伏表(5~500 mV)及调零、音频振荡器、低频振荡器、±15 V 不可调稳压电源.

实验主面板上的传感器符号单元:所有传感器(包括激振线圈)的引线都从内部引到这个单元上的相应符号中,实验时传感器的输出信号(包括激励线圈引入低频激振器信号)按符号从这个单元插孔引线.

处理电路单元：电桥单元、差动放大器、电容放大器、电压放大器、移相器、相敏检波器、电荷放大器、低通滤波器、涡流变换器.

实验三　光电传感器设计实验

一、实验目的

(1) 了解光敏电阻的基本特性，测出它的伏安特性曲线和光照特性曲线.
(2) 了解光敏二极管的基本特性，测出它的伏安特性曲线和光照特性曲线.
(3) 了解硅光电池的基本特性，测出它的伏安特性曲线和光照特性曲线.
(4) 了解光敏三极管的基本特性，测出它的伏安特性曲线和光照特性曲线.
(5) 了解光纤传感器的基本特性和光纤通信的基本原理.

二、实验仪器

DH-CGOP 光敏传感器实验仪由光敏电阻、光敏二极管、光敏三极管、硅光电池四种光敏传感器及直流恒压源 DH-VC3、发光二极管、Φ2.2 光纤、光纤座、暗箱（九孔板实验箱）、数字电压表、电阻箱、低频信号发生器、示波器、短接桥和导线等组成.

三、实验原理

光敏传感器的基本特性及实验原理如下：

（一）伏安特性

光敏传感器在一定的入射光强照度下，光敏元件的电流 I 与所加电压 U 之间的关系称为光敏器件的伏安特性. 改变照度则可以得到一组伏安特性曲线，它是传感器应用设计时选择电参数的重要依据. 某种光敏电阻、硅光电池、光敏二极管、光敏三极管的伏安特性曲线如图 5.8、图 5.9、图 5.10、图 5.11 所示.

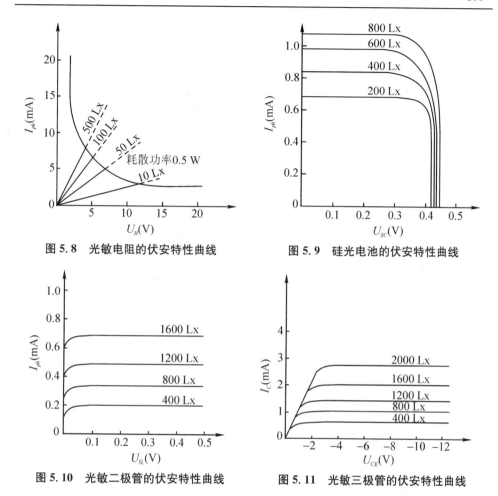

图 5.8　光敏电阻的伏安特性曲线　　　　图 5.9　硅光电池的伏安特性曲线

图 5.10　光敏二极管的伏安特性曲线　　　图 5.11　光敏三极管的伏安特性曲线

　　从上述四种光敏器件的伏安特性可以看出,光敏电阻类似于一个纯电阻,其伏安特性线性良好,在一定照度下,电压越大,光电流越大,但必须考虑光敏电阻的最大耗散功率,超过额定电压和最大电流都可能导致光敏电阻的永久性损坏. 光敏二极管的伏安特性和光敏三极管的伏安特性类似,但光敏三极管的光电流比同类型的光敏二极管大好几十倍,零偏压时,光敏二极管有光电流输出,而光敏三极管则无光电流输出. 在一定光照度下硅光电池的伏安特性呈非线性.

(二) 光照特性

　　光敏传感器的光谱灵敏度与入射光强之间的关系称为光照特性,有时光敏传感器的输出电压或电流与入射光强之间的关系也称为光照特性,它也是光敏传感器应用设计时选择参数的重要依据之一. 某种光敏电阻、硅光电池、光敏二极管、光敏三极管的光照特性如图 5.12、图 5.13、图 5.14、图 5.15 所示.

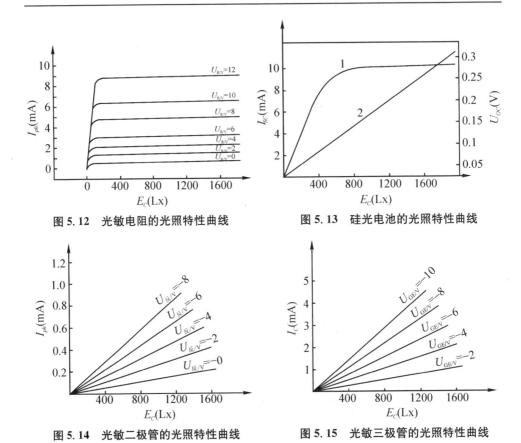

图 5.12　光敏电阻的光照特性曲线　　　　图 5.13　硅光电池的光照特性曲线

图 5.14　光敏二极管的光照特性曲线　　　图 5.15　光敏三极管的光照特性曲线

　　从上述四种光敏器件的光照特性可以看出光敏电阻、光敏三极管的光照特性呈非线性,一般不适合做线性检测元件,硅光电池的开路电压也呈非线性且有饱和现象,但硅光电池的短路电流呈良好的线性,故以硅光电池做测量元件应用时,应该利用短路电流与光照度之间良好的线性关系.短路电流是指外接负载电阻远小于硅光电池内阻时的电流,一般负载在 20 Ω 以下时,其短路电流与光照度呈良好的线性,且负载越小,线性关系越好,线性范围越宽.光敏二极管的光照特性亦呈良好线性,而光敏三极管在大电流时有饱和现象,故一般在做线性检测元件时,可选择光敏二极管而不能用光敏三极管.

四、实验步骤

　　实验中对应的光照强度均为相对光强,可以通过改变点光源电压或改变点光源到各光电传感器之间的距离来调节相对光强.光源电压的调节范围为 0～12 V,光源和传感器之间的距离调节范围为 5～230 mm.

（一）光敏电阻的特性实验

1. 光敏电阻伏安特性实验

（1）按图 5.16 接好实验线路,将光源用的钨丝灯盒、检测用的光敏电阻盒、电阻盒置于暗箱九孔插板中,电源由 DH-VC3 直流恒压源提供,光源电压为 0～12 V(可调).

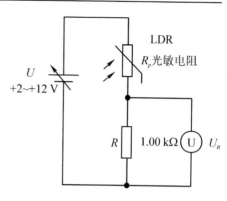

图 5.16　光敏电阻特性测试电路

（2）通过改变光源电压或调节光源到光敏电阻之间的距离以提供一定的光强,每次在一定的光照条件下,测出加在光敏电阻上的电压 U 分别为 $+2$ V, $+4$ V, $+6$ V, $+8$ V, $+10$ V 时的 5 个光电流数据,即 $I_{ph} = \dfrac{U_R}{1.00 \text{ k}\Omega}$,同时算出此时光敏电阻的阻值 $R_p = \dfrac{U - U_R}{I_{ph}}$. 以后逐步调大相对光强,重复上述实验,进行 5～6 次不同光强的实验数据测量.

（3）根据实验数据画出光敏电阻的一组伏安特性曲线.

2. 光敏电阻的光照度特性实验

（1）按图 5.16 接好实验线路,将光源用的钨丝灯盒、检测用的光敏电阻盒、电阻盒置于暗箱九孔插板中,电源由 DH-VC3 直流恒压源提供.

（2）从 $U = 0$ 开始到 $U = 12$ V,每次在一定的外加电压下测出光敏电阻在相对光照强度从"弱光"到逐步增强的光电流数据,即 $I_{ph} = \dfrac{U_R}{1.00 \text{ k}\Omega}$,同时算出此时光敏电阻的阻值,即 $R_p = \dfrac{U - U_R}{I_{ph}}$.

（3）根据实验数据画出光敏电阻的一组光照特性曲线.

（二）硅光电池的特性实验

1. 硅光电池的伏安特性实验

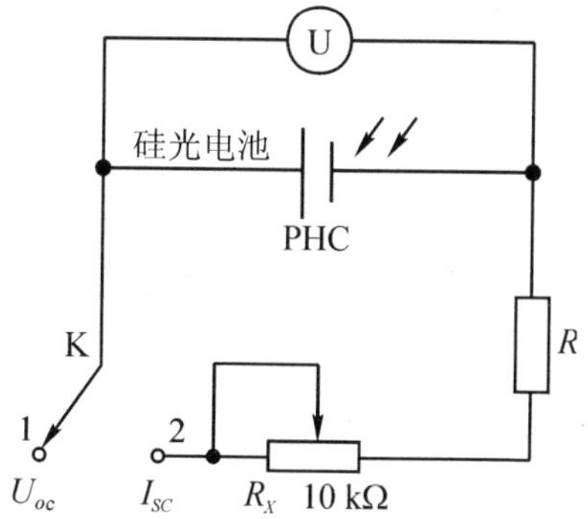

（1）将光源用的钨丝灯盒、检测用的硅光电池盒、电阻盒置于暗箱九孔插板中,电源由 DH-VC3 直流恒压源提供,R_X 接到暗箱边的插孔中以便于同外部电阻箱相连.按图 5.17 连接好实验线路,开关 K 指向"1"时,电压表测量开路电压 U_{oc};开关指向"2"时,R_X 短路,电压表测量 R 的电压 U_R.光源用钨丝灯,光源电压为 0～12 V(可调),串接好电阻箱(0～10000 Ω 可调).

图 5.17　硅光电池特性测试电路

（2）先将可调光源调至相对光强为"弱光"的位置，每次在一定的照度下，测出硅光电池的光电流 I_{ph} 与光电压 U_{SC} 在不同的负载条件下的关系（0～10000 Ω）数据，其中 $I_{ph}=\dfrac{U_R}{10.00\ \text{k}\Omega}$（10.00 kΩ 为取样电阻 R），以后逐步调大相对光强（5～6次），重复上述实验．

（3）根据实验数据画出硅光电池的一组伏安特性曲线．

2. 硅光电池的光照度特性实验

（1）实验线路如图 5.17 所示，电阻箱调到 0 Ω．

（2）先将可调光源调至相对光强为"弱光"的位置，每次在一定的照度下，测出硅光电池的开路电压 U_{oc} 和短路电流 I_s，其中短路电流 $I_s=\dfrac{U_R}{10.00\ \Omega}$（取样电阻 R 为 10.00 Ω），以后逐步调大相对光强（5～6次），重复上述实验．

（3）根据实验数据画出硅光电池的光照特性曲线．

（三）光敏二极管的特性实验

1. 光敏二极管伏安特性实验

（1）按图 5.18 接好实验线路，将光源用的钨丝灯盒、检测用的光电二极管盒、电阻盒置于暗箱九孔插板中，电源由 DH-VC3 直流恒压源提供，光源电压 0～12 V（可调）．

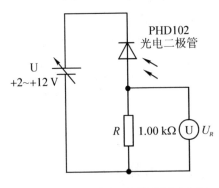

图 5.18　光敏二极管特性测试电路

（2）先将可调光源调至相对光强为"弱光"的位置，每次在一定的照度下，测出加在光敏二极管上的反偏电压与产生的光电流的关系数据，其中光电流 $I_{ph}=\dfrac{U_R}{1.00\ \text{k}\Omega}$（1.00 kΩ 为取样电阻 R），以后逐步调大相对光强（5～6次），重复上述实验．

（3）根据实验数据画出光敏二极管的一组伏安特性曲线．

2. 光敏二极管的光照度特性实验

（1）按图 5.18 接好实验线路．

（2）反偏压从 $U=0$ 开始到 $U=+12$ V，每次在一定的反偏电压下测出光敏二极管在相对光照度为"弱光"到逐步增强的光电流数据，其中光电流 $I_{ph}=\dfrac{U_R}{1.00\ \text{k}\Omega}$（1.00 kΩ 为取样电阻 R）．

（3）根据实验数据画出光敏二极管的一组光照特性曲线．

（四）光敏三极管特性实验

1. 光敏三极管的伏安特性实验

（1）按图 5.19 接好实验线路，将光源用
的钨丝灯盒、检测用的光敏三极管盒、电阻盒置
于暗箱九孔插板中，电源由 DH-VC3 直流恒压
源提供，光源电压为 0～12 V（可调）.

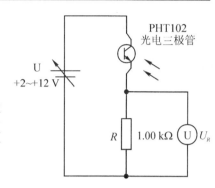

图 5.19　光敏三极管特性测试实验

（2）先将可调光源调至相对光强为"弱
光"的位置，每次在一定的光照条件下，测出加
在光敏三极管的偏置电压 U_{CE} 与产生的光电
流 I_c 的关系数据. 其中光电流 $I_c = \dfrac{U_R}{1.00\ \text{k}\Omega}$（1.00 kΩ 为取样电阻 R）.

（3）根据实验数据画出光敏三极管的一组伏安特性曲线.

2. 光敏三极管的光照度特性实验

（1）实验线路如图 5.19 所示.

（2）偏置电压 U_c 从 0 开始到 +12 V，每次在一定的偏置电压下测出光敏三极
管在相对光照度为"弱光"到逐步增强的光电流 I_c 的数据，其中光电流 $I_c =$
$\dfrac{U_R}{1.00\ \text{k}\Omega}$（1.00 kΩ 为取样电阻 R）.

（3）根据实验数据画出光敏三极管的一组光照特性曲线.

（五）光纤传感器原理及其应用

1. 光纤传感器基本特性研究

图 5.20 和图 5.21 分别是用光电三极管和光电二极管构成的光纤传感器原理
图. 图中 LED3 为红光发射管，提供光纤光源；光通过光纤传输后被光电三极管或
光电二极管接收. LED3，PHT101，PHD101 上面的插座用于插光纤座和光纤.

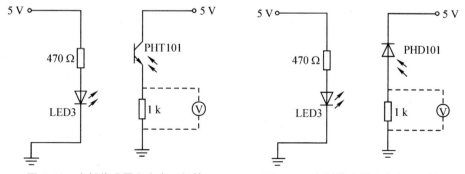

图 5.20　光纤传感器之光电三极管　　　　　**图 5.21　光纤传感器之光电二极管**

（1）通过改变红光发射管供电电流的大小来改变光强，分别测量通过光纤传输后，光电三极管和光电二极管上产生的光电流，得出它们之间的函数关系.注意：流过红光发射管 LED3 的最大电流不要超过 40 mA；光电三极管的最大集电极电流为 20 mA，功耗最大为每 75 mW/25 ℃.

（2）红光发射管供电电流的大小不变，即光强不变，通过改变光纤的长短来测量产生的光电流的大小与光纤长短之间的函数.

2. 光纤通信的基本原理

实验时按图 5.22 进行接线，把波形发生器设定为正弦波输出，幅度调到合适值，示波器将会有波形输出；改变正弦波的幅度和频率，接收的波形也将随之改变，并且喇叭盒也发出频率和响度不一样的单频声音.注意：流过 LED3 的最高峰值电流为 180 mA/1 kHz.图 5.22 中①为波形发生器，②为喇叭，③为示波器.

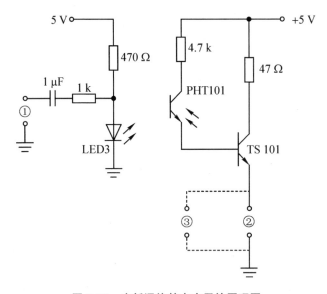

图 5.22　光纤通信基本应用的原理图

说明：实际实验的过程中用喇叭盒代替耳机听筒，光电三极管 PHT101 也可以换成光电二极管 PHD101 来做实验.图 5.23 为光纤通信基本应用的接线图.

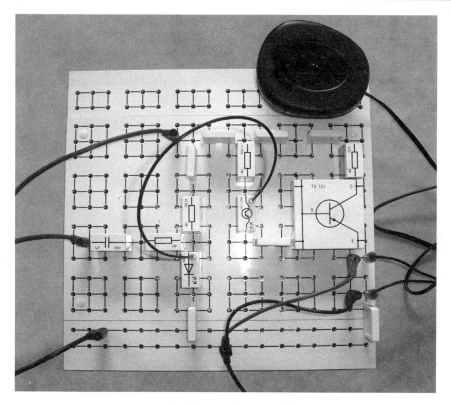

图 5.23　光纤通信基本应用的接线图

五、数据处理

数据处理如表 5.5 所示.

表 5.5　数据处理表

$U_R \backslash U(\mathrm{V})$	2	4	6	8	10
U_R					

根据公式 $I_{ph} = \dfrac{U_R}{1.00\ \mathrm{k\Omega}}$ 和 $I_{ph} = \dfrac{U_R}{1.000\ \mathrm{k\Omega}}$ 描出伏安特性曲线及光照特性曲线.

六、注意事项

(1) 光敏器件受光口要对着发光光源.

(2) 通过改变光源和光敏传感器距离达到光照度的不同.

七、思考题

（1）光敏传感器感应光照有一个滞后时间，即光敏传感器的响应时间，如何来测试光敏传感器的响应时间？

（2）验证光照强度与距离的平方成反比（把实验装置近似为点光源）.

八、光敏传感器的应用

光敏传感器是将光信号转换为电信号的传感器，也称为光电式传感器，它可用于检测直接引起光强度变化的非电量，如光强、光照度、辐射测温、气体成分分析等；也可用来检测能转换成光量变化的其他非电量，如零件直径、表面粗糙度、位移、速度、加速度及物体形状、工作状态识别等. 光敏传感器具有非接触、响应快、性能可靠等特点，因而在工业自动控制及智能机器人中得到广泛应用.

光敏传感器的物理基础是光电效应，即光敏材料的电学特性因受到光的照射而发生变化. 光电效应通常分为外光电效应和内光电效应两大类. 外光电效应是指在光的照射下，电子逸出物体表面的外发射的现象，也称光电发射效应，基于这种效应的光电器件有光电管、光电倍增管等. 内光电效应是指入射的光强改变物质导电率的物理现象，称为光电导效应. 大多数光电控制应用的传感器，如光敏电阻、光敏二极管、光敏三极管、硅光电池等都是内光电效应类传感器. 近年来新的光敏器件不断涌现，如具有高速响应和放大功能的 APD 雪崩式光电二极管、半导体光敏传感器、光电闸流晶体管、光导摄像管、CCD 图像传感器等，为光电传感器的应用翻开了新的一页.

实验四　温度传感器特性实验

一、实验目的

（1）研究 Pt100 铂电阻、Cu50 铜电阻和热敏电阻（NTC 和 PTC）的温度特性及测温原理.

（2）研究比较不同温度传感器的温度特性及测温原理.

（3）掌握单臂电桥及非平衡电桥的原理及应用.

（4）了解温度控制的最小微机控制系统.

（5）掌握实验中单片机在温度实时控制、数据采集、数据处理等方面的应用.

（6）学习运用不同的温度传感器设计测温电路.

二、实验仪器

九孔板,DH-VC1 直流恒压源恒流源,DH-SJ2 型温度传感器实验装置,数字万用表,电阻箱.

三、实验原理

（一）Pt100 铂电阻的测温原理

金属铂(Pt)的电阻值随温度变化而变化,并且具有很好的重现性和稳定性,利用铂的此种物理特性制成的传感器称为铂电阻温度传感器,通常使用的铂电阻温度传感器零度阻值为 100 Ω,电阻变化率 0.3851 Ω/℃.铂电阻温度传感器精度高,稳定性好,应用温度范围广,是中低温区(−200～650 ℃)最常用的一种温度检测器,不仅广泛应用于工业测温,而且被制成各种标准温度计(涵盖国家和世界基准温度),供计量和校准使用.

按 IEC751 国际标准,温度系数 $TCR=0.003851$,Pt100$(R_0=100\ \Omega)$,Pt1000$(R_0=1000\ \Omega)$为统一设计型铂电阻.

$$TCR = (R_{100} - R_0)/(R_0 \times 100) \tag{5-6}$$

100 ℃时标准电阻值 $R_{100}=138.51\ \Omega$,100 ℃时标准电阻值 $R_{1000}=1385.1\ \Omega$.

Pt100 铂电阻的阻值随温度变化而变化,计算公式为

$$-200\ ℃ < t < 0\ ℃ \quad R_t = R_0[1 + At + Bt^2 + C(t-100)t^3] \tag{5-7}$$

$$0\ ℃ < t < 850\ ℃ \quad R_t = R_0(1 + At + Bt^2) \tag{5-8}$$

R_t是在温度 t 时的电阻值,R_0是在 0 ℃ 时的电阻值.式中,A,B,C 的系数分别为 $A=3.90802\times10^{-3}C^{-1}$,$B=-5.802\times10^{-7}C^{-2}$,$C=-4.27350\times10^{-12}C^{-4}$.

三线制接法要求引出的三根导线截面积和长度均相同,测量铂电阻的电路一般是不平衡电桥,铂电阻作为电桥的一个桥臂电阻,将导线一根接到电桥的电源端,其余两根分别接到铂电阻所在的桥臂及与其相邻的桥臂上,当桥路平衡时,通过计算可知

$$R_t = \frac{R_1 R_3}{R_2} + \frac{rR_1}{R_2} - r \tag{5-9}$$

当 $R_1=R_2$时,导线电阻的变化对测量结果没有任何影响,这样就消除了导线线路电阻带来的测量误差,但是必须为全等臂电桥,否则不可能完全消除导线电阻的影响.由分析可见,采用三线制会大大减小导线电阻带来的附加误差,工业上一般都采用三线制接法.

(二) 热敏电阻温度特性原理(NTC 型)

热敏电阻是阻值对温度变化非常敏感的一种半导体电阻,它有负温度系数和正温度系数两种. 负温度系数热敏电阻(NTC)的电阻率随温度的升高而下降(一般是按指数规律),而正温度系数热敏电阻(PTC)的电阻率随温度的升高而升高. 金属的电阻率则是随温度的升高而缓慢地上升,热敏电阻对于温度的反应要比金属电阻灵敏得多. 热敏电阻的体积也可以做得很小,用它制成的半导体温度计已广泛地使用在自动控制和科学仪器中,并在物理、化学和生物学研究等方面得到了广泛的应用.

在一定的温度范围内,半导体的电阻率 ρ 和温度 T 之间有如下关系:

$$\rho = A_1 e^{B/T} \tag{5-10}$$

式中,A_1 和 B 是与材料物理性质有关的常数;T 为绝对温度. 对于截面均匀的热敏电阻,其阻值 R_T 可用下式表示:

$$R_T = \rho \frac{l}{s} \tag{5-11}$$

式中,R_T 的单位为 Ω;ρ 的单位为 $\Omega \cdot cm$;l 为两电极间的距离,单位为 cm;S 为电阻的横截面积,单位为 cm^2. 将式(5-10)代入式(5-11),令 $A = A_1 \dfrac{l}{s}$,可得

$$R_T = Ae^{B/T} \tag{5-12}$$

对一定的电阻而言,A 和 B 均为常数. 对式(5-12)两边取对数,则有

$$\ln R_T = B \frac{1}{T} + \ln A \tag{5-13}$$

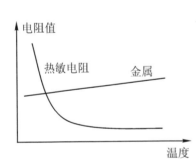

图 5.24 热敏电阻(NTC)与普通电阻的不同温度特性

$\ln R_T$ 与 $\dfrac{1}{T}$ 成线性关系,在实验中测得各个温度 T 的 R_T 值后,即可通过作图求出 B 和 A 的值,代入式(5-12),即可得到 R_T 的表达式. 式中,R_T 为温度 T 时的电阻值(Ω);A 为某温度时的电阻值(Ω);B 为常数(K),其值与半导体材料的成分和制造方法有关.

图 5.24 表示了热敏电阻(NTC)与普通电阻的不同温度特性.

(三) Cu50 铜电阻温度特性原理

铜电阻是利用物质在温度变化时本身电阻也随着发生变化的特性来测量温度的. 铜电阻的受热部分(感温元件)是用细金属丝均匀地双绕在绝缘材料制成的骨架上,当被测介质中有温度梯度存在时,所测得的温度是感温元件所在范围内介质层中的平均温度.

（四）单臂电桥原理

惠斯顿电桥线路如图 5.25 所示,四个电阻 R_1,R_2,R_0,R_X 连成一个四边形,称为电桥的四个臂.四边形的一条对角线接有检流计,称为"桥",四边形的另一条对角线上接电源 E,称为电桥的电源对角线.电源接通,电桥线路中各支路均有电流通过.

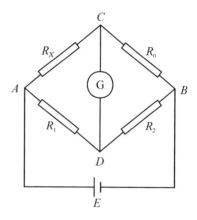

图 5.25 单臂电桥原理

当 C,D 之间的电位不相等时,桥路中的电流 $I_g \neq 0$,检流计的指针发生偏转. 当 C,D 两点之间的电位相等时,"桥"路中的电流 $I_g = 0$,检流计指针指零,这时我们称电桥处于平衡状态.

当电桥平衡时,$I_g = 0$,则有

$$\begin{cases} U_{AC} = U_{AD} \\ U_{CB} = U_{DB} \end{cases}$$

即

$$\begin{cases} I_1 R_X = I_2 R_1 \\ I_1 R_0 = I_2 R_2 \end{cases}$$

于是

$$\frac{R_X}{R_0} = \frac{R_1}{R_2}$$

根据电桥的平衡条件,若已知其中三个臂的电阻,就可以计算出另一个桥臂的电阻,因此,电桥测电阻的计算式为

$$R_X = \frac{R_1}{R_2} R_0 \tag{5-14}$$

式中,电阻 $\dfrac{R_1}{R_2}$ 为电桥的比率臂;R_0 为比较臂,常用标准电阻箱;R_X 作为待测臂,在热敏电阻测量中用 R_T 表示.

四、实验步骤

（一）用万用表直接测量法

(1) 将温度传感器直接插在温度传感器实验装置的恒温炉中. 在传感器的输出端用数字万用表直接测量其电阻值.本实验的热敏电阻 NTC 温度传感器 25 ℃ 的阻值为 5 kΩ;PTC 温度传感器 25 ℃ 的阻值为 350 Ω.

(2) 在不同的温度下,观察 Pt100 铂电阻、热敏电阻(NTC 和 PTC)和 Cu50 铜

电阻阻值的变化,从室温到 120 ℃(PTC 温度实验从室温到 100 ℃),每隔 5 ℃(或自定度数)测一个数据,将测量数据逐一记录在表格内.

(3) 以温标为横轴,以阻值为纵轴,按等精度作图的方法,用所测的各对应数据作出 R_T-t 曲线.

(4) 分析比较它们的温度特性.

(二) 单臂电桥法

(1) 根据单臂电桥原理,按图 5.26的方式连接成单臂电桥形式. 运用万用表,自行判定三线制 Pt100 的接线. 将 R_3 用电位器代替,用DH-VC1直流恒压源恒流源的恒压源来提供稳定的电压源,范围为 0~5 V. 注意:将电压由 0~5 V 缓慢调节,具体电压自定.

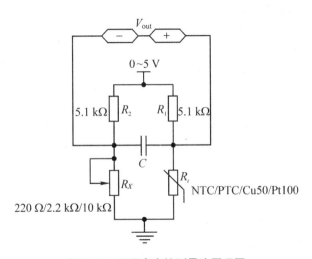

图 5.26　万用表直接测量法原理图

(2) 将温度传感器作为其中的一个臂. 根据不同的温度传感器,参照本实验附录中的温度传感器在 0 ℃的对应阻值,把电阻器件调到与 Pt100 或 Cu50 温度传感器对应的阻值(Cu50 在 0 ℃的阻值是 50 Ω,用 100 Ω 并联 220 Ω 的电位器,比较臂 R_3 的阻值可以按照同样的思路来匹配),仔细调节比较臂 R_3 使桥路平衡,即万用表的示数为零. NTC 和 PTC 温度传感器以 25 ℃时的阻值为桥路平衡的零点. 把电阻器件调到与 NTC 或 PTC 温度传感器对应的 25 ℃时的阻值(NTC 的阻值为 5 kΩ,用 1 kΩ 的电阻串联 5 kΩ 和 220 Ω 的电位器,比较臂 R_3 的阻值可以按照同样的思路来匹配),仔细调节比较臂 R_3,使桥路平衡,即万用表的示数为零.

(3) 将温度传感器直接插在温度传感器实验装置的恒温炉中. 通过温控仪加热,在不同的温度下,观察 Pt100 铂电阻、热敏电阻(NTC 和 PTC)和 Cu50 铜电阻的阻值变化,从室温到 120 ℃(PTC 温度实验从室温到 100 ℃),每隔 5 ℃(或自定度数)测一个数据,将测量数据逐一记录在表格内.

（4）以温标为横轴,以电压为纵轴,按等精度作图的方法,用所测的各对应数据作出 V-t 曲线.

（5）推导测量原理计算公式.

（6）分析比较它们的温度特性.

（三）恒流法

（1）按照图 5.27 接线.用 DH-VC1 来提供 1 mA 或 0.1 mA 直流电流源.用万用表测量取样电阻 R_0,调节 DH-VC1 上的恒流源的电位器,使其两端的电压为 1 V 或 0.1 V.注意:将电压由 0~1 V 缓慢调节.

（2）将温度传感器直接插在温度传感器实验装置的恒温炉中.通过温控仪加热,在不同的温度下,观察 Pt100 铂电阻、热敏电阻（NTC 和 PTC）和 Cu50 铜电阻阻值的变化,从室温到 120 ℃（PTC 温度实验从室温到 100 ℃）,每隔 5 ℃（或自定度数）测一个数据,将测量数据逐一记录在表格内.

（3）以温标为横轴,以电压为纵轴,按等精度作图的方法,用所测的各对应数据作出 V-t 曲线.

（4）推导测量原理计算公式.

（5）分析比较它们的温度特性.

（6）分析比较单臂电桥法与恒流法这两种测量方法的特点.

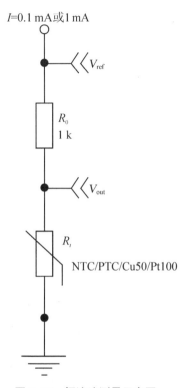

图 5.27　恒流法测量示意图

（四）运用电桥和差分放大器自行设计数字测温电路

运用电桥和差分放大器自行设计数字测温电路,如图 5.28 所示.

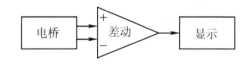

图 5.28　运用电桥和差分放大器自行设计数字测温电路

注意:正温度系数热敏电阻（PTC）随温度的变化成指数函数变化,在 80 ℃ 以下阻值变化比较平滑,而在 80 ℃ 以上变化非常快,整体呈指数上升曲线.

五、数据处理

数据处理如表 5.6、表 5.7、表 5.8、表 5.9 所示.

表 5.6　Pt100 铂电阻数据记录　　　　室温____℃

序　号	1	2	3	4	5	6	7	8	9	10
温度(℃)										
$R(\Omega)$										
序　号	11	12	13	14	15	16	17	18	19	20
温度(℃)										
$R(\Omega)$										

表 5.7　NTC 负温度系数热敏电阻数据记录　　　　室温____℃

序　号	1	2	3	4	5	6	7	8	9	10
温度(℃)										
$R(\Omega)$										
序　号	11	12	13	14	15	16	17	18	19	20
温度(℃)										
$R(\Omega)$										

表 5.8　PTC 正温度系数热敏电阻数据记录　　　　室温____℃

序　号	1	2	3	4	5	6	7	8	9	10
温度(℃)										
$R(\Omega)$										
序　号	11	12	13	14	15	16	17	18	19	20
温度(℃)										
$R(\Omega)$										

表 5.9　Cu50 铜电阻数据记录　　　　室温____℃

序　号	1	2	3	4	5	6	7	8	9	10
温度(℃)										
$R(\Omega)$										
序　号	11	12	13	14	15	16	17	18	19	20
温度(℃)										
$R(\Omega)$										

六、注意事项

（1）将 Pt100 的插头与温控仪上的插座颜色对应地相连接,红→红,黄→黄,蓝→蓝.

（2）在做实验中或做完实验后,禁止手触传感器的钢钾护套.

七、思考题

(1) 实验所用温度传感器中,哪些温度传感器是正温度系数? 哪些温度传感器是负温度系数?

(2) 选用温度传感器要考虑哪几个主要指标?

(3) 恒流源非平衡电桥与恒压源非平衡电桥相比,有什么优点?

八、背景资料

温度是表征物体冷热程度的物理量. 温度只能通过物体随温度变化的某些特性来间接测量. 测温传感器就是将温度信息转换成易于传递和处理的电信号的传感器.

(一) 测温传感器的分类

1. 电阻式传感器

热电阻式传感器是利用导电物体的电阻率随温度变化的效应制成的传感器. 热电阻是中低温区最常用的一种温度检测器. 它的主要特点是测量精度高,性能稳定. 它分为金属热电阻和半导体热电阻两大类. 金属热电阻的电阻值和温度一般可以用以下的近似关系式表示,即

$$R_t = R_{t_0}[1 + \alpha(t - t_0)]$$

式中,R_t 为温度 t 时的阻值;R_{t_0} 为温度 t_0(通常 $t_0 = 0\ ℃$)时对应的电阻值;α 为温度系数. 半导体热敏电阻的阻值和温度关系为

$$R_t = Ae^{\frac{B}{t}}$$

式中,R_t 为温度 t 时的阻值;A, B 是取决于半导体材料结构的常数.

常用的热电阻有铂热电阻、热敏电阻和铜热电阻. 其中铂电阻的测量精确度是最高的,它不仅广泛应用于工业测温,而且被制成标准的基准仪.

金属铂电阻温度系数大,感应灵敏;电阻率高,元件尺寸小;电阻值随温度变化而变化,基本成线性关系;在测温范围内,物理、化学性能稳定,长期复现性好,测量精度高,是目前公认制造热电阻的最好材料. 但铂在高温下,易受还原性介质的污染,使铂丝变脆并改变电阻与温度之间的线性关系,因此使用时应装在保护套管中. 用铂的此种物理特性制成的传感器称为铂电阻温度传感器,通常使用的铂电阻温度传感器的零度阻值为 $100\ \Omega$,电阻变化率为 $0.3851\ \Omega/℃$,$TCR = (R_{100} - R_0)/(R_0 \times 100)$,$R_0$ 为 $0\ ℃$ 的阻值,R_{100} 为 $100\ ℃$ 的阻值,按 IEC751 国际标准,温度系数 $TCR = 0.003851$,Pt100($R_0 = 100\ \Omega$),Pt1000($R_0 = 1000\ \Omega$)为统一设计型铂电阻. 铂热电阻的特点是物理化学性能稳定,尤其是耐氧化能力强、测量精度高、应用温

度范围广,有很好的重现性,是中低温区(-200~650 ℃)最常用的一种温度检测器.

热敏电阻(thermally sensitive resistor,简称为 thermistor)是对温度敏感的电阻的总称,是一种电阻元件,即电阻值随温度变化的电阻. 它一般分为两种基本类型:负温度系数热敏电阻 NTC(negative temperature coefficient)和正温度系数热敏电阻 PTC(positive temperature coefficient). NTC 热敏电阻随温度上升电阻值下降,而 PTC 热敏电阻正好相反.

NTC 热敏电阻大多数是由 Mn(锰)、Ni(镍)、Co(钴)、Fe(铁)、Cu(铜)等金属的氧化物烧结而成的半导体材料制成的. 因此,它不能在太高的温度场合下使用. 其使用范围有的可以在-200~700 ℃,但一般情况下,其通常的使用范围在-100~300 ℃.

NTC 热敏电阻热响应时间一般跟封装形式、阻值、材料常数(热敏指数)、热时间常数有关. 材料常数(热敏指数)B 值反映了两个温度之间的电阻变化,热敏电阻的特性就是由它的大小决定的,B 值被定义为

$$B = \frac{\ln R_1 - \ln R_2}{\dfrac{1}{T_1} - \dfrac{1}{T_2}} = 2.3026 \times \frac{\lg R_1 - \lg R_2}{\dfrac{1}{T_1} - \dfrac{1}{T_2}}$$

式中,R_1 为温度 T_1 时的零功率电阻值;R_2 为温度 T_2 时的零功率电阻值;T_1,T_2 为两个被指定的温度. 对于常用的 NTC 热敏电阻,B 值范围一般在 2000~6000 K 之间. 热时间常数是指在零功率条件下,当温度突变时,热敏电阻的温度改变了始末两个温度差的 63.2% 时所需的时间. 热时间常数与 NTC 热敏电阻的热容量成正比,与其耗散系数成反比. 这两种热敏电阻均具有特定的特点和优点,以应用于不同的领域.

而铜(Cu50)热电阻测温范围小,在-50~150 ℃ 范围内,稳定性好,便宜,但体积大,机械强度较低. 铜电阻在测温范围内电阻值和温度成线性关系,温度系数大,适用于无腐蚀介质,超过 150 ℃ 易被氧化,通常用于测量精度不高的场合. 铜电阻有 $R_0 = 50\ \Omega$ 和 $R_0 = 100\ \Omega$ 两种,它们的分度号分别为 Cu50 和 Cu100,其中 Cu50 的应用最为广泛.

2. 半导体温度传感器

PN 结半导体温度传感器是利用半导体 PN 结的温度特性制成的. 其工作原理是 PN 结两端的电压随温度的升高而减少. PN 结温度传感器具有灵敏度高、线性好、热响应快和体积轻巧等特点,尤其在温度数字化、温度控制以及用微机进行温度实时讯号处理等方面,是其他温度传感器所不能比拟的. 目前 PN 结温度传感器主要以硅为材料,原因是硅材料易于实现功能化,即将测温单元和恒流、放大等电路组合成一块集成电路.

美国 Motorola 公司在 1979 年就开始生产测温晶体管及其组件,如今已生产出灵敏度高达 100 mV/℃、分辨率不低于 0.1 ℃ 的硅集成电路温度传感器. 但是以

硅为材料的这类温度传感器也不是尽善尽美的,在非线性不超过标准值 0.5% 的条件下,其工作温度一般为 $-50\sim150$ ℃,与其他温度传感器相比,测温范围的局限性较大,如果采用不同材料如锑化铟或砷化镓的 PN 结可以展宽低温区或高温区的测量范围.20 世纪 80 年代中期我国就研制成功以 SiC 为材料的 PN 结温度传感器,其高温区可延伸到 500 ℃,并荣获国际博览会金奖.

3. 晶体温度传感器

晶体温度传感器是利用晶体的各向异性,通过选择适当的切割角度切割而成的,这是一种可将温度转换成频率的传感器,这种传感器用于计算机测量时可省去模数转换,因此适合于计算机测温的应用.

4. 非接触型温度传感器

非接触型温度传感器是利用物体表面散发出来的光或热来进行测量的.常用的非接触型温度传感器多数是红外传感器,适合于高速运行物体、带电体、高温及高压物体的温度测量.这种红外测温传感器具有反应速度快、灵敏度高、测量准确、测温范围广泛等特点.

5. 热电式传感器

（1）热电偶测温基本原理

将两种不同的金属丝一端熔合起来,如果给它们的联结点和基准点之间提供不同的温度,就会产生电压,即热电势.这种现象叫作塞贝克效应.

将两种不同材料的导体或半导体 A 和 B 焊接起来,构成一个闭合回路,如图 5.29 所示.当导体 A 和 B 的两个接触点 1 和 2 之间存在温差时,两者之间便产生电动势,因而在回路中形成电流,这种现象称为热电效应.热电偶就是利用这一效应来工作的,属有源传感器.它能将温度直接转换成热电势.热电偶是工业上最常用的温度检测元件之一,其优点是:

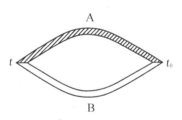

图 5.29　数字测量电路

① 测量精度高.热电偶直接与被测对象接触,不受中间介质的影响.

② 测量范围广.测温范围极宽,从 -270 ℃的极低温度到 2600 ℃的超高温度都可以测量,而且在 $600\sim2000$ ℃的温度范围内可以进行精确的测量（600 ℃以下时,铂电阻的测量精度更高）.某些特殊热电偶最低可测到 -269 ℃（如金铁镍铬）,最高可达 2800 ℃（如钨-铼）.

③ 构造简单,使用方便.热电偶通常是由两种不同的金属丝组成的,而且不受大小和开头的限制,外有保护套管,用起来非常方便.

④ 测温精度高、准确、可靠,性能稳定,热惯性小,通常用于高温炉的测量和快速测量方面.

（2）热电偶的种类及结构形式

① 热电偶的种类

常用热电偶可分为标准热电偶和非标准热电偶两大类. 标准热电偶是指国家标准规定了其热电势与温度的关系、允许误差并有统一的标准分度表的热电偶, 它有与其配套的显示仪表可供选用. 非标准热电偶在使用范围或数量级上均不及标准热电偶, 一般也没有统一的分度表, 主要用于某些特殊场合的测量. 我国从 1988年1月1日起, 热电偶和热电阻全部按 IEC 国际标准生产, 并指定 S, B, E, K, R, J, T 七种标准热电偶为我国统一设计型热电偶.

② 热电偶的结构形式

为了保证热电偶可靠、稳定地工作, 对它的结构要求如下:

(a) 组成热电偶的两个热电极的焊接必须牢固.

(b) 两个热电极之间应很好地绝缘, 以防短路.

(c) 补偿导线与热电偶自由端的连接要方便可靠.

(d) 保护套管应能保证热电极与有害介质充分隔离.

(3) 热电偶冷端的温度补偿

由于热电偶的材料一般都比较贵重(特别是采用贵金属时), 而测温点到仪表的距离都很远, 为了节省热电偶材料, 降低成本, 通常采用补偿导线把热电偶的冷端(自由端)延伸到温度比较稳定的控制室内, 连接到仪表端子上. 必须指出, 热电偶补偿导线只起延伸热电极, 使热电偶的冷端移动到控制室的仪表端子上的作用, 它本身并不能消除冷端温度变化对测温的影响, 不起补偿作用. 因此, 还需采用其他修正方法来补偿冷端温度 $t_0 \neq 0$ ℃对测温的影响.

在使用热电偶补偿导线时必须注意型号相配, 极性不能接错, 补偿导线与热电偶连接端的温度不能超过 100 ℃.

6. 光纤温度传感器

光纤温度传感器分为相位调制型光纤温度传感器(灵敏度高)、热辐射光纤温度传感器(可监视一些大型电气设备, 如电机、变压器等内部热点的变化情况)和传光型光纤温度传感器(体积小、灵敏度高、工作可靠、易制作).

7. 液压温度传感器

这种传感器流体受热会产生膨胀, 膨胀程度与所加的热量成正比. 在根据液压原理制成的温度传感器中, 最普通的就是大家熟悉的水银温度计.

8. 智能温度传感器

智能温度传感器由于在一个芯片上集成温度传感器、处理器、存储器、A/D 转换器等部件, 因此, 这类传感器具有判断和信息处理能力, 并可对测量值进行各种修正和误差补偿, 同时还带有自诊断、自校准功能, 可大大提高系统的可靠性, 并能和计算机直接联机.

（二）目前热电阻引线的主要方式

1. 二线制

如图 5.30 所示,在热电阻的两端各连接一根导线引出电阻信号的方式叫二线制.这种引线方法很简单,但由于连接导线必然存在引线电阻 r,r 的大小与导线的材质和长度的因素有关,因此这种引线方式只适用于测量精度较低的场合.

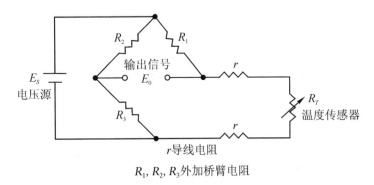

图 5.30　二线制温度传感器

2. 三线制

如图 5.31 所示,在热电阻根部的一端连接一根引线,另一端连接两根引线的方式称为三线制.这种方式通常与电桥配套使用,可以较好地消除引线电阻的影响,是工业过程控制中最常用的引线电阻.

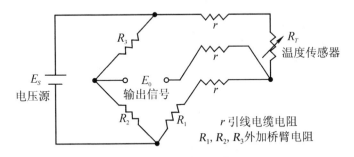

图 5.31　三线制温度传感器

3. 四线制

如图 5.32 所示,在热电阻的根部两端各连接两根导线的方式称为四线制.其中两根引线为热电阻提供恒定电流 I,把 R 转换成电压信号 U,再通过另两根引线把 U 引至二次仪表,可见这种引线方式能够完全消除引线的电阻影响,主要用于高精度的温度检测.

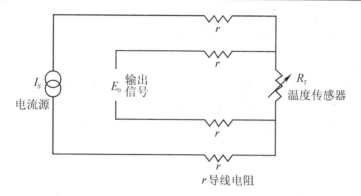

图 5.32　四线制温度传感器

（三）DH-SJ2 温度传感器实验装置

1. 概述

DH-SJ2 型温度传感器是以分离的温度传感器探头元器件、单个电子元件为主要组成部分,以九孔板为实验平台来测量温度的设计性实验装置.该实验装置提供了多种测温方法,自行设计测温电路来测量温度传感器的温度特性.实验配有铂电阻 Pt100、热敏电阻(NTC 和 PTC)、铜电阻 Cu50、铜-康铜热电偶、PN 结、AD590 和 LM35 等温度传感器.本实验装置采用智能温度控制器控温,具有以下特点:

（1）控温精度高,范围广,加热所需的温度可自由设定,采用数字显示.

（2）使用低电压恒流加热,安全可靠,无污染,加热电流连续可调.

（3）本仪器提供的是单个分离的温度传感器,形象直观,给实验带来了很大的方便,可对不同传感器的温度特性进行比较,更易于掌握它们的温度特性.

（4）采用九孔板作为实验平台,提供设计性实验.

（5）加热炉配有风扇,在做降温实验过程中可采用风扇快速降温.

（6）整体结构设计新颖,紧凑合理,外形美观大方.

2. 主要技术指标

（1）电源电压:AC220 V±10%(50/60 Hz).

（2）工作环境:温度 0～40 ℃,相对湿度小于 80% 的无腐蚀性场合.

（3）控温范围:室温至 120 ℃.

（4）温度控制精度:±0.2 ℃.

（5）分辨率:0.1 ℃.

（6）控制方式:先进的 PID 控制.

3. 温控仪与恒温炉的连线

温控仪与恒温炉的连线如图 5.33 所示,Pt100 的插头与温控仪上的插座颜色对应地相连接:红→红、黄→黄、蓝→蓝.

警告:在做实验中或做完实验后,禁止手触传感器的钢钾护套.

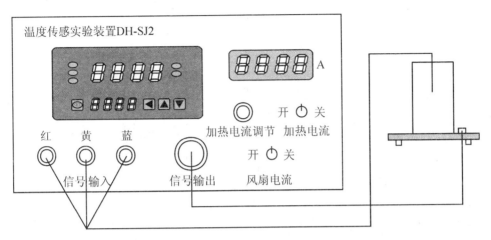

图 5.33 温度传感实验装置图

（四）附录

表 5.10 铜电阻 Cu50 的电阻-温度特性 $\alpha = 0.004280$

温度(℃)	0	1	2	3	4	5	6	7	8	9
	电阻值(Ω)									
−50	39.24									
−40	41.40	41.18	40.97	40.75	40.54	40.32	40.10	39.89	39.67	39.46
−30	43.55	43.34	43.12	42.91	42.69	42.48	42.27	42.05	41.83	41.61
−20	45.70	45.49	45.27	45.06	44.84	44.63	44.41	42.20	43.98	43.77
−10	47.85	47.64	47.42	47.21	46.99	46.78	46.56	46.35	46.13	45.92
−0	50.00	49.78	49.57	49.35	49.14	48.92	48.71	48.50	48.28	48.07
0	50.00	50.21	50.43	50.64	50.86	51.07	51.28	51.50	51.81	51.93
10	52.14	52.36	52.57	52.78	53.00	53.21	53.43	53.64	53.86	54.07
20	54.28	54.50	54.71	54.92	55.14	55.35	55.57	55.78	56.00	56.21
30	56.42	56.64	56.85	57.07	57.28	57.49	57.71	57.92	58.14	58.35
40	58.56	58.78	58.99	59.20	59.42	59.63	59.85	60.06	60.27	60.49
50	60.70	60.92	61.13	61.34	61.56	61.77	61.93	62.20	62.41	62.63
60	62.84	63.05	63.27	63.48	63.70	63.91	64.12	64.34	64.55	64.76
70	64.98	65.19	65.41	65.62	65.83	66.05	66.26	66.48	66.69	66.90
80	67.12	67.33	67.54	67.76	67.97	68.19	68.40	68.62	68.83	69.04
90	69.26	69.47	69.68	69.90	70.11	70.33	70.54	70.76	70.97	71.18
100	71.40	71.61	71.83	72.04	72.25	72.47	72.68	72.90	73.11	73.33
110	73.54	73.75	73.97	74.18	74.40	74.61	74.83	75.04	75.26	75.47
120	75.68									

表 5.11   铂电阻 Pt100 分度表(ITS-90) $R(0\ ℃)=100.00\ Ω$

温度(℃)	0	1	2	3	4	5	6	7	8	9
	$R(Ω)$									
0	100.00	100.39	100.78	101.17	101.56	101.95	102.34	102.73	103.12	103.51
10	103.90	104.29	104.68	105.07	105.46	105.85	106.24	106.63	107.02	107.40
20	107.79	108.18	108.57	108.96	109.35	109.73	110.12	110.51	110.90	111.29
30	111.67	112.06	112.45	112.83	113.22	113.61	114.00	114.38	114.77	115.15
40	115.54	115.93	116.31	116.70	117.08	117.47	117.86	118.24	118.63	119.01
50	119.40	119.78	120.17	120.55	120.94	121.32	121.71	122.09	122.47	122.86
60	123.24	123.63	124.01	124.39	124.78	125.16	125.54	125.93	126.31	126.69
70	127.08	127.46	127.84	128.22	128.61	128.99	129.37	129.75	130.13	134.33
80	130.90	131.28	131.66	132.04	132.42	132.80	133.18	133.57	133.95	134.33
90	134.71	135.09	135.47	135.85	136.23	136.61	136.99	137.37	137.75	138.13
100	138.51	138.88	139.26	139.64	140.02	140.40	140.78	141.16	141.54	141.91
110	142.29	142.67	143.05	143.43	143.80	144.18	144.56	144.94	145.31	145.69
120	146.07	146.44	146.82	147.20	147.57	147.95	148.33	148.70	149.08	149.46
130	149.83	150.21	150.28	150.96	151.33	151.71	152.08	152.46	152.83	153.21
140	153.58	153.96	154.33	154.71	155.08	155.46	155.83	156.20	156.58	156.95
150	157.33	157.70	158.07	158.45	158.82	159.19	159.56	159.94	160.31	160.95
160	161.05	161.43	161.80	162.17	162.54	162.91	163.29	163.66	164.03	164.40
170	164.77	165.14	165.51	165.89	166.26	166.63	167.00	167.37	167.74	168.11
180	168.48	168.85	169.22	169.59	169.96	170.33	170.70	171.07	171.43	171.80
190	172.17	172.54	172.91	173.28	173.65	174.02	174.38	174.75	175.12	175.49
200	175.86	176.22	176.59	176.96	177.33	177.69	178.06	178.43	178.79	179.16

表 5.12   铜-康铜热电偶分度表

温度(℃)	热电势(mV)									
	0	1	2	3	4	5	6	7	8	9
−10	−0.383	−0.421	−0.458	−0.496	−0.534	−0.571	−0.608	−0.646	−0.683	−0.720
−0	0.000	−0.039	−0.077	−0.116	−0.154	−0.193	−0.231	−0.269	−0.307	−0.345
0	0.000	0.039	0.078	0.117	0.156	0.195	0.234	0.273	0.312	0.351
10	0.391	0.430	0.470	0.510	0.549	0.589	0.629	0.669	0.709	0.749
20	0.789	0.830	0.870	0.911	0.951	0.992	1.032	1.073	1.114	1.155
30	1.196	1.237	1.279	1.320	1.361	1.403	1.444	1.486	1.528	1.569
40	1.611	1.653	1.695	1.738	1.780	1.865	1.882	1.907	1.950	1.992
50	2.035	2.078	2.121	2.164	2.207	2.250	2.294	2.337	2.380	2.424
60	2.467	2.511	2.555	2.599	2.643	2.687	2.731	2.775	2.819	2.864
70	2.908	2.953	2.997	3.042	3.087	3.131	3.176	3.221	3.266	3.312
80	3.357	3.402	3.447	3.493	3.538	3.584	3.630	3.676	3.721	3.767
90	3.813	3.859	3.906	3.952	3.998	4.044	4.091	4.137	4.184	4.231
100	4.277	4.324	4.371	4.418	4.465	4.512	4.559	4.607	4.654	4.701
110	4.749	4.796	4.844	4.891	4.939	4.987	5.035	5.083	5.131	5.179
120	5.227	5.275	5.324	5.372	5.420	5.469	5.517	5.566	5.615	5.663
130	5.712	5.761	5.810	5.859	5.908	5.957	6.007	6.056	6.105	6.155
140	6.204	6.254	6.303	6.353	6.403	6.452	6.502	6.552	6.602	6.652

温度(℃)	热电势(mV)									
	0	1	2	3	4	5	6	7	8	9
150	6.702	6.753	6.803	6.853	6.903	6.954	7.004	7.055	7.106	7.156
160	7.207	7.258	7.309	7.360	7.411	7.462	7.513	7.564	7.615	7.666
170	7.718	7.769	7.821	7.872	7.924	7.975	8.027	8.079	8.131	8.183
180	8.235	8.287	8.339	8.391	8.443	8.495	8.548	8.600	8.652	8.705
190	8.757	8.810	8.863	8.915	8.968	9.024	9.074	9.127	9.180	9.233
200	9.286									

注意：不同的热元件的输出会有一定的偏差，所以以上表格的数据仅供参考.

实验五　数字电表原理及组装设计

一、实验目的

（1）了解数字电表的基本原理及常用双积分模数转换芯片外围参数的选取原则、电表的校准原则以及测量误差来源.

（2）了解万用表的特性、组成和工作原理.

（3）掌握分压、分流电路的原理以及设计对电压、电流和电阻的多量程测量.

二、实验仪器

DH6505A 数字电表原理及万用表设计实验仪,四位半通用数字万用表,示波器,电阻箱。

三、实验原理

（一）数字电表原理

常见的物理量都是幅值大小连续变化的所谓模拟量,指针式仪表可以直接对模拟电压和电流进行显示,而对数字式仪表,需要把模拟电信号(通常是电压信号)转换成数字信号,再进行显示和处理.

数字信号与模拟信号不同,其幅值大小是不连续的,就是说数字信号的大小只能是某些分立的数值,所以需要进行量化处理. 若最小量化单位为 Δ,则数字信号的大小是 Δ 的整数倍,该整数可以用二进制码表示. 设 $\Delta = 0.1$ mV,我们把被测电

压 U 与 Δ 比较,看 U 是 Δ 的多少倍,并把结果四舍五入取为整数 N(二进制).一般情况下,$N \geqslant 1000$ 即可满足测量精度要求(量化误差 $\leqslant 1/1000 = 0.1\%$).所以,最常见的数字表头的最大示数为 1999,被称为三位半数字表,如 U 是 Δ(0.1 mV)的 1861 倍,即 $N = 1861$,显示结果为 186.1 mV.这样的数字表头,再加上电压极性判别显示电路和小数点选择位,就可以测量显示 $-199.9 \sim 199.9$ mV 的电压,显示精度为 0.1 mV.

1. 双积分模数转换器(ICL7107)的基本工作原理

双积分模数转换电路的原理比较简单,当输入电压为 V_x 时,在一定时间 T_1 内对电量为零的电容器 C 进行恒流(电流大小与待测电压 V_x 成正比)充电,这样电容器两极之间的电量将随时间线性增加,当到充电时间 T_1 后,电容器上积累的电量 Q 与被测电压 V_x 成正比;然后让电容器恒流放电(电流大小与参考电压 V_{ref} 成正比),这样电容器两极之间的电量将线性减小,直到 T_2 时刻减小为零.所以,可以得出 T_2 也与 V_x 成正比.如果用计数器在 T_2 开始时刻对时钟脉冲进行计数,结束时刻停止计数,得到计数值 N_2,则 N_2 与 V_x 成正比.

双积分 AD 的工作原理就是基于上述电容器充放电过程中计数器读数 N_2 与输入电压 V_x 成正比构成的.现在我们以实验中所用到的 3 位半模数转换器 ICL7107 为例来讲述它的整个工作过程.ICL7107 双积分式 A/D 转换器的基本组成如图 5.34 所示,它由积分器、过零比较器、逻辑控制电路、闸门电路、计数器、时钟脉冲源、锁存器、译码器及显示等电路所组成.下面主要讲一下它的转换电路,大致分为三个阶段:

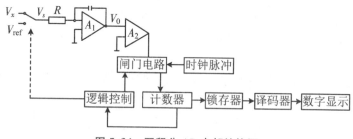

图 5.34　双积分 AD 内部结构图

第一阶段,首先电压输入脚与输入电压断开,而与地端相连放掉电容器 C 上积累的电量,然后参考电容 C_{ref} 充电到参考电压值 V_{ref},同时反馈环给自动调零电容 C_{AZ} 以补偿缓冲放大器、积分器和比较器的偏置电压.这个阶段称为自动校零阶段.

第二阶段为信号积分阶段(采样阶段),在此阶段 V_s 接到 V_x 上使之与积分器相连,这样电容器 C 将被以恒定电流 V_x/R 充电,与此同时计数器开始计数,当计到某一特定值 N_1(对于三位半模数转换器,$N_1 = 1000$)时逻辑控制电路,使充电过程结束,这样采样时间 T_1 是一定的,假设时钟脉冲为 T_{CP},则 $T_1 = N_1 * T_{CP}$.在此阶段积分器输出电压 $V_0 = -Q_0/C$(因为 V_0 与 V_x 极性相反),Q_0 为 T_1 时间内恒流 (V_x/R) 给电容器 C 充电得到的电量,所以存在下式:

$$Q_0 = \int_0^{T_1} \frac{V_x}{R} * \mathrm{d}t = \frac{V_x}{R} T_1 \tag{5-15}$$

$$V_0 = -\frac{Q_0}{C} = -\frac{V_x}{RC} T_1 \tag{5-16}$$

积分和反积分曲线图如图 5.35 所示.

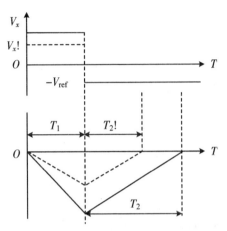

图 5.35　积分和反积分阶段曲线图

第三阶段为反积分阶段(测量阶段),在此阶段,逻辑控制电路把已经充电至 V_{ref} 的参考电容 C_{ref} 按与 V_x 极性相反的方式经缓冲器接到积分电路,这样电容器 C 将以恒定电流 V_{ref}/R 放电,与此同时计数器开始计数,电容器 C 上的电量线性减小,当经过时间 T_2 后,电容器电压减小到 0,由零值比较器输出闸门控制信号再停止计数器计数并显示出计数结果.此阶段存在如下关系:

$$V_0 + \frac{1}{C} \int_0^{T_2} \frac{V_{\mathrm{ref}}}{R} * \mathrm{d}t = 0 \tag{5-17}$$

把式(5-16)代入上式,得

$$T_2 = \frac{T_1}{V_{\mathrm{ref}}} V_x \tag{5-18}$$

可以看出,由于 T_1 和 V_{ref} 均为常数,所以 T_2 与 V_x 成正比,从图 5.35 可以看出,若时钟最小脉冲单元为 T_{CP},则 $T_1 = N_1 \times T_{\mathrm{CP}}$,$T_2 = N_2 \times T_{\mathrm{CP}}$,代入式(5-18)即有

$$N_2 = \frac{N_1}{V_{\mathrm{ref}}} V_x \tag{5-19}$$

可以得出测量的计数值 N_2 与被测电压 V_x 成正比.

对于 ICL7107,信号积分阶段时间固定为 1000 个 T_{CP},即 N_1 的值为 1000 不变,而 N_2 的计数随 V_x 的不同范围为 0~1999,同时自动校零的计数范围为 1000~2999,也就是测量周期总保持 4000 个 T_{CP} 不变,即满量程时 $N_{2\max} = 2000 = 2 \times N_1$,

所以 $V_{xmax}=2V_{ref}$,这样若取参考电压为 $100\ mV$,则最大输入电压为 $200\ mV$;若参考电压为 $1\ V$,则最大输入电压为 $2\ V$.

对于 ICL7107 的工作原理这里我们不再多说,它的引脚功能和外围元件参数的选择请参考本章附图.

2. 用 ICL7107A/D 转换器进行常见物理参量的测量

(1) 直流电压测量的实现(直流电压表)

① 当参考电压 $V_{ref}=100\ mV$ 时,$R_{int}=47\ k\Omega$. 此时采用分压法实现测量 $0\sim 2\ V$ 的直流电压,电路图如图 5.36 所示.

② 直接使参考电压 $V_{ref}=1\ V$,$R_{int}=470\ k\Omega$,来测量 $0\sim 2\ V$ 的直流电压,电路图如图 5.37 所示.

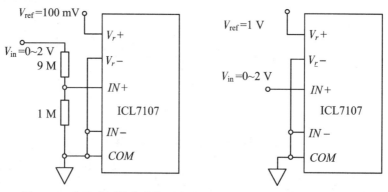

图 5.36 分压法测量直流电压电路 　　图 5.37 直接法测量直流电压电路

(2) 直流电流测量的实现(直流电流表)

直流电流的测量通常有两种方法,第一种为欧姆压降法,如图 5.38 所示,即让被测电流流过一定值电阻 R_i,然后用 $200\ mV$ 的电压表测量此定值电阻上的压降 $R_i \times I_s$(在 $V_{ref}=100\ mV$ 时,保证 $R_i \times I_s \leqslant 200\ mV$ 就行),由于对被测电路接入了电阻,因而此测量方法会对原电路有影响,测量电流变成 $I_s'=R_0 \times I_s/(R_0+R_i)$,所以被测电路的内阻越大,误差将越小;第二种方法是由运算放大器组成的 $I\text{-}V$ 变换电路来进行电流的测量,只能够用在对小电流的测量电路中,所以在这里不再详述.

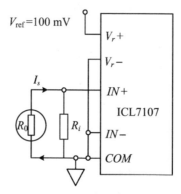

图 5.38 欧姆压降法测量直流电流电路

（3）电阻值测量的实现（欧姆表）

① 当参考电压选择在 100 mV 时,此时选择 $R_{int} = 47$ kΩ,测试的接线图如图 5.39 所示,图中 D_w 是提供测试基准电压,而 R_t 是正温度系数(PTC)热敏电阻,既可以使参考电压低于 100 mV,同时也可以防止误测高电压时损坏转换芯片,所以必须满足 $R_x = 0$ 时,$V_r \leqslant 100$ mV. 由前面所讲述的 ICL7107 的工作原理,存在

$$V_r = (V_r +) - (V_r -) = V_d \times R_s \div (R_s + R_x + R_t) \tag{5-20}$$

$$IN = (IN +) - (IN -) = V_d \times R_x \div (R_s + R_x + R_t) \tag{5-21}$$

由前述理论 $N_2/N_1 = IN/V_r$,有

$$R_x = (N_2/N_1) \times R_s \tag{5-22}$$

所以从上式可以得出电阻的测量范围始终是 $0 \sim 2R_s$.

② 当参考电压选择在 1 V 时,此时选择 $R_{int} = 470$ kΩ,测试电路可以用图 5.40 实现,此电路仅供有兴趣的同学参考,因为它不带保护电路,所以必须保证 $V_r \leqslant$ 1 V.

在进行多量程实验时(万用表设计实验),为了设计方便,我们的参考电压都将选择为 100 mV,除了比例法测量电阻时我们使 $R_{int} = 470$ kΩ 和在进行二极管正向导通压降测量时也使 $R_{int} = 470$ kΩ 并且加上 1 V 的参考电压.

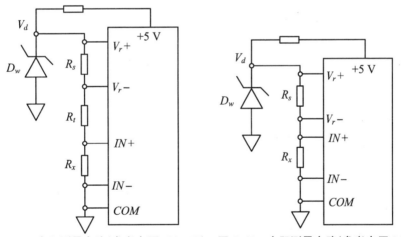

图 5.39　电阻测量电路(参考电压 100 mV)　图 5.40　电阻测量电路(参考电压 1 V)

（二）数字万用表设计原理

常用万用表需要对交直流电压、交直流电流、电阻、三极管 h_{FE} 和二极管正向压降进行测量,图 5.41 为万用表测量基本原理图.下面我们主要讲提到的几种参数的测量.

本实验使用的是 DH6505 型数字电表原理及万用表设计实验仪,它的核心是由双积分式模数 A/D 转换译码驱动集成芯片 ICL7107 和外围元件、LED 数码管构成的.为了使同学们更好地理解其工作原理,我们在仪器中预留了 8 个输入端,

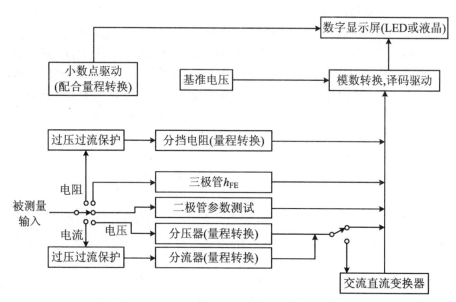

图 5.41　数字万用表基本原理图

包括 2 个测量电压输入端($IN+$, $IN-$)、2 个基准电压输入端(V_r+, V_r-)、3 个小数点驱动输入端($dp1$, $dp2$ 和 $dp3$)以及模拟公共端(COM).

1. 直流电压量程扩展测量

在前面所述的直流电压表前面加一级分压电路(分压器),可以扩展直流电压测量的量程. 如图 5.42 所示,电压表的量程 U_0 为 200 mV,即前面所讲的参考电压选择 100 mV 时所组成的直流电压表,r 为其内阻(如 10 MΩ),r_1,r_2 为分压电阻,U_i 为扩展后的量程.

由于 $r \gg r_2$,所以分压比为

$$\frac{U_0}{U_i} = \frac{r_2}{r_1 + r_2}$$

扩展后的量程为

$$U_t = \frac{r_1 + r_2}{r_2} U_0$$

多量程分压器原理电路如图 5.43 所示,无挡量程的分压比分别为 1, 0.1, 0.01, 0.001 和 0.0001,对应的量程分别为 200 mV, 2 V, 20 V, 200 V 和 2000 V.

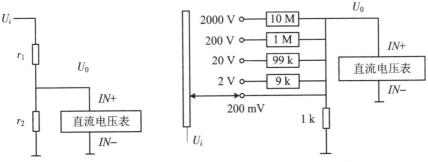

图 5.42 分压电路原理　　　　图 5.43 多量程分压器原理

采用图 5.43 的分压电路(见图 5.48 中的分压器 b)虽然可以扩展电压表的量程,但在小量程挡明显降低了电压表的输入阻抗,这在实际应用中是行不通的. 所以,实际通用数字万用表的直流电压挡分压电路(见图 5.48 中的分压器 a)如图 5.44所示,它能在不降低输入阻抗(大小为 R/r, $R = R_1 + R_2 + R_3 + R_4 + R_5$)的情况下,达到同样的分压效果.

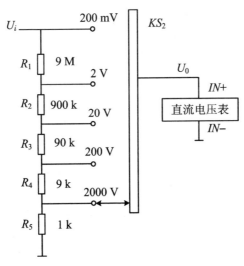

图 5.44 实用分压器原理

例如,其中 20 V 挡的分压比为

$$\frac{R_3 + R_4 + R_5}{R_1 + R_2 + R_3 + R_4 + R_5} = \frac{100 \text{ k}\Omega}{10 \text{ M}\Omega} = 0.01$$

其余各挡的分压比也可照此算出.

实际设计时是根据各挡的分压比以及考虑输入阻抗要求所决定的总电阻来确定各分压电阻的. 首先确定总电阻:

$$R = R_1 + R_2 + R_3 + R_4 + R_5 = 10 \text{ (M}\Omega)$$

再计算 2000 V 挡的分压电阻:

$$R_5 = 0.0001\,R = 1\,(\mathrm{k}\Omega)$$

然后计算 200 V 挡的分压电阻:

$$R_4 + R_5 = 0.001\,R$$
$$R_4 = 9\,\mathrm{k}\Omega$$

这样依次逐挡计算 R_3,R_2 和 R_1.

尽管上述最高量程挡的理论量程是 2000 V,但通常的数字万用表出于耐压和安全考虑,规定最高电压量限为 1000 V. 由于只重在掌握测量原理,所以我们不提倡大家做高电压测量实验.

在转换量程时,波段转换开关可以根据挡位自动调整小数点的显示. 同学们可以自行设计这一实现过程,只要对应的小数位 $dp1,dp2$ 或 $dp3$ 插孔接地就可以实现小数点的点亮了.

2. 直流电流量程扩展测量(参考电压 100 mV)

测量电流的原理是:根据欧姆定律,用合适的取样电阻把待测电流转换为相应的电压,再进行测量. 如图 5.45 所示,由于电压表内阻 $r \gg R$,所以取样电阻 R 上的电压降为

$$U_i = I_i R$$

若数字表头的电压量程为 U_0,欲使电流挡量程为 I_0,则该挡的取样电阻(也称分流电阻)$R_0 = \dfrac{U_0}{I_0}$. 若 $U_0 = 200$ mV,则 $I_0 = 200$ mA 挡的分流电阻为 $R = 1\ \Omega$.

多量程分流器原理电路如图 5.46 所示.

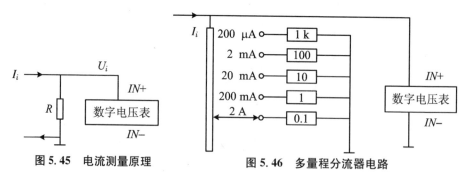

图 5.45　电流测量原理　　　　图 5.46　多量程分流器电路

图 5.46 中的分流器(见图 5.48 中的分流器 b)在实际使用中有一个缺点,就是当换挡开关接触不良时,被测电路的电压可能使数字表头过载,所以,实际数字万用表的直流电流挡电路(见图 5.48 中的分流器 a)如图 5.47 所示.

图 5.47 中各挡分流电阻的阻值是这样计算的,先计算最大电流挡的分流电阻 R_5,可得

$$R_5\frac{U_0}{I_{m5}} = \frac{0.2}{2} = 0.1\ (\Omega)$$

同理下一挡的 R_4 为

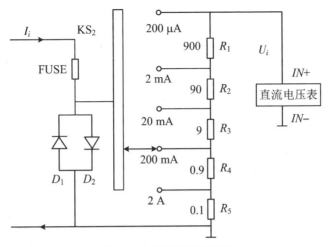

图 5.47 实用分流器原理

$$R_4 = \frac{U_0}{I_{m4}} - R_5 = \frac{0.2}{0.2} - 0.1 = 0.9\,(\Omega)$$

这样依次可以计算出 R_3, R_2 和 R_1 的值.

图 5.47 中的 FUSE 是 2 A 保险丝管,起到过流保护作用.两只反向连接且与分流电阻并联的二极管 D_1, D_2 为硅整流二极管,它们起双向限幅过压保护作用.正常测量时,输入电压小于硅二极管的正向导通压降,二极管截止,对测量毫无影响.一旦输入电压大于 0.7 V,二极管立即导通,两端电压被钳制在 0.7 V 内,保护仪表不被损坏.

用 2 A 挡测量时,若发现电流大于 1 A 时,应尽量减少测量时间,以免大电流引起的较高温上升而影响测量精度甚至损坏电表.

四、实验内容

本实验仪器的模块说明,如图 5.48 所示.

DH6505 数字电表原理及万用表设计实验仪模块如图 5.48 所示,下面我们讲讲各模块的功能.

(1) ICL7107 模数转换及其显示模块.

(2) 量程转换开关模块.

(3) 直流电压电流模块,提供直流电压和电流,通过模块中的电位器进行调节.

(4) 待测元件模块,提供二极管、电阻、NPN 三极管和 PNP 三极管各一个.

(5) AD 参考电压模块,提供模数转换器的参考电压,通过模块中的电位器进行调节.

(6) 参考电阻模块,提供可调参考电阻和可调待测电阻各一个.

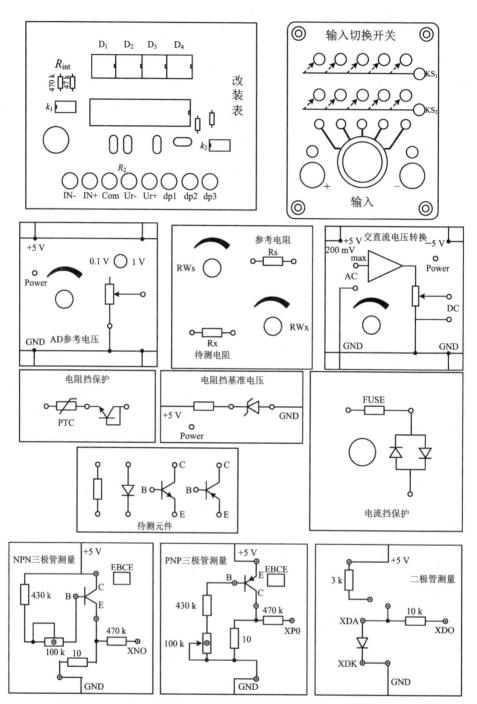

图 5.48　数字电表改装模块图示

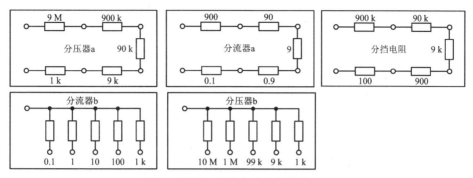

图 5.48(续)　数字电表改装模块图示

（7）交直流电压转换模块,把交流电压转换成直流电压,模块中有电位器进行调整.

（8）电阻挡保护模块,防止过压损坏仪器.

（9）电流挡保护模块,防止过流.

（10）NPN 三极管测量模块、PNP 三极管测量模块、二极管测量模块.

（11）量程扩展分压器 a,b,分流器 a,b,以及分挡电阻模块.

五、数字万用表各项功能组装及校准方法

（一）直流电压表组装方法及校准测量

1. 200 mV 挡量程的校准

（1）拨动拨位开关 K1-2 到 ON,其他到 OFF,使 R_{int} ＝47 kΩ(注:拨位开关 K_1 和 K_2,拨到上方为 ON,拨到下方为 OFF).调节 AD 参考电压模块中的电位器,同时用万用表 200 mV 挡测量其输出电压值,直到万用表的示数为 100 mV 为止.

（2）调节直流电压电流模块中的电位器,同时用万用表 200 mV 挡测量该模块的电压输出值,使其电压输出值为 0～199.9 mV 的某一具体值(如 150.0 mV).

（3）拨动拨位开关 K2-3 到 ON,其他到 OFF,使对应的 ICL7107 模块中数码管的相应小数点点亮,显示×××.×.

（4）如图 5.49 所示,观察 ICL7107 模块数码管显示是否为前述 0～199.9 mV 中的那一具体值(如 150.0 mV).若有些许差异,稍微调整 AD 参考电压模块中的电位器,使模块显示读数为前述的那一具体值(如 150.0 mV).

（5）调节直流电压电流模块中的电位器,减小其输出电压,使模块输出电压为 199.9 mV,180.0 mV,160.0 mV,…,20.0 mV,0 mV,同时记录下万用表所对应的读数.再以模块显示的读数为横坐标,以万用表显示的读数为纵坐标,绘制校准曲线.

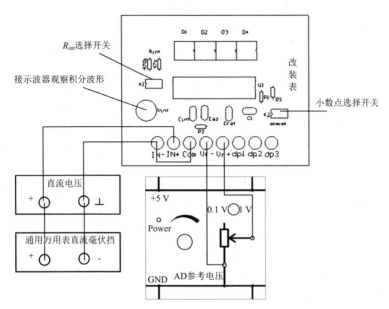

图 5.49 直流电压表组装电路

2. 2 V 挡量程校准

(1) 拨动拨位开关 K1-1 到 ON,其他到 OFF,使 $R_{int}=470$ kΩ. 调节 AD 参考电压模块中的电位器,同时用万用表 2 V 挡测量其输出电压值,直到万用表的示数为 1.000 V 为止.

(2) 调节直流电压电流模块中的电位器,同时用万用表 2 V 挡测量该模块电压输出值,使其电压输出值为 0~1.999 V 的某一具体值(如 1.500 V).

(3) 拨动拨位开关 K2-1 到 ON,其他到 OFF,使对应的 ICL7107 模块中数码管的相应小数点点亮,即显示×.×××.

(4) 观察 ICL7107 模块数码管显示是否为 0~1.999 V 中前述的那某一具体值(如 1.500 V).若有些许差异,稍微调整 AD 参考电压模块中的电位器使模块显示读数为前述的那某一具体值(如 1.500 V).

(5) 调节直流电压电流模块中的电位器,减小其输出电压,使模块输出电压为 1.999 V,1.800 V,1.600 V,…,0.020 V,0 V,同时记录下万用表所对应的读数.再以模块显示的读数为横坐标,以万用表显示的读数为纵坐标,绘制校准曲线.

(二)直流电流表组装方法及校准测量

1. 20 mA 挡量程校准

(1) 测量时可以先左旋直流电压电流模块中的电位器到底,使输出电流为 0.

(2) 拨动拨位开关 K1-2 到 ON,其他到 OFF,使 $R_{int}=47$ kΩ. 调节 AD 参考电压模块中的电位器,同时用万用表 200 mV 挡测量输出电压值,直到万用表的示数为 100 mV 为止.

（3）拨动拨位开关 K2-2 到 ON,其他到 OFF,使对应的 ICL7107 模块中数码管的相应小数点点亮,显示××.××.

（4）按照图 5.50 方式接线.供电.向右旋转调节直流电压电流模块中的电位器,使万用表显示为 0～19.99 mA 的某一具体值(如 15.00 mA).

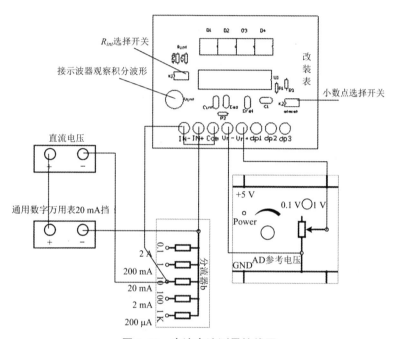

图 5.50　直流电流测量接线图

（5）观察模数转换模块中显示值是否为 0～19.99 mA 中前述的那某一具体值(如 15.00 mA).若有些许差异,稍微调整 AD 参考电压模块中的电位器使模块显示数值为 0～19.99 mA 中前述的那某一具体值(如 15.00 mA).

（6）调节直流电压电流模块中的电位器,减小其输出电流,使显示模块输出电流为 19.99 mA,18.00 mA,16.00 mA,…,0.20 mA,0 mA,同时记录下万用表所对应的读数.再以模块显示的读数为横坐标,以万用表显示的读数为纵坐标,绘制校准曲线.

2. 2 mA 挡量程校准

（1）若要进行 2 mA 挡校准,只需要把分流器 b 中的电阻选用 100 Ω,ICL7107 模块中数码管对应的小数点显示为×.×××.同时把万用表的量程选择为 2 mA 挡,然后重复实验步骤(1)～(6)即可.

（2）更高量程的输入用分流电路 a 来实现,同学们可以自行设计实验.

（三）直流数字电阻表组装方法及测量

（1）由于电阻挡基准电压为 1 V，所以在进行电阻测试时，选择参考电压为 1 V 的设置，即拨动拨位开关 K1-1 到 ON，其他到 OFF，使 R_{int}＝470 kΩ. 这样可以保证在 R_x＝0 时，R_s 上的电压将最大为 1 V，即参考电压 $(V_r+)-(V_r-)\leqslant$ 1 V.

（2）进行 2 kΩ 挡校准. 把高精度电阻箱的电阻值给定为 1500 Ω，拨动拨位开关 K2-1 到 ON，其他到 OFF，使对应的 ICL7107 模块中数码管的相应小数点点亮，显示×.×××.

（3）按照图 5.51 所示的方式接线.

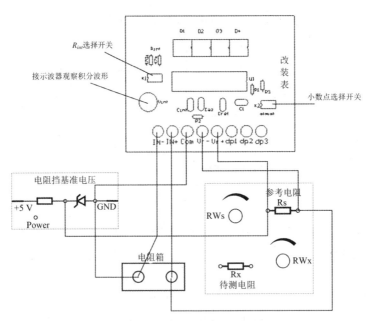

图 5.51　电阻挡校准接线图

（4）观察模数转换模块中显示值是否为 1.500. 若有些许差异，稍微调节 RWs 使模块显示数值为 1.500.

（5）调节外接高精度电阻箱，使显示模块输出读数分别为 1.999 kΩ，1.800 kΩ，1.600 kΩ，…，0.200 kΩ，0.000 kΩ，同时记录下电阻箱的电阻值. 再以模块显示的读数为横坐标，以电阻箱的读数为纵坐标，绘制校准曲线.

（6）进行未知电阻 R_x 的测量.

（7）首先用万用表测出 R_x 的值；调节电位器 RWx，使之在 0～1.999 kΩ 之间，记录下该电阻的值，然后再按照图 5.52 所示的方式接线，记录下模块显示的读数. 比较两者测量的误差，重复多次测量，分析误差来源.

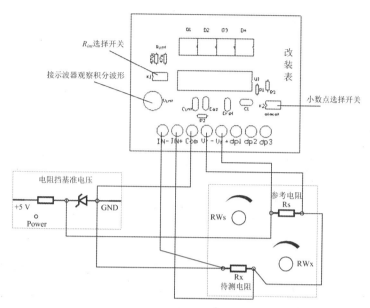

图 5.52　电阻测量接线图

六、实验步骤

(1) 组装 200 mV 数字直流电压表,测量 150 mV 待测电压,与万用表标准值比较误差.

(2) 利用量程转换开关,设计多量程数字直流电压表,用曲线描绘实验误差.

量程转换开关模块如图 5.53 所示.通过拨动转换开关,可以使 S_2 插孔依次和插孔 A,B,C,D,E 相连并且相应的量程指示灯亮,同时 S_1 插孔依次与插孔 $a,b,c,$ d,e 相连. KS_1 这组开关用于设计时控制模块小数点位的点亮, KS_2 用于分压器、分流器以及分挡电阻上,实现多量程测量.在进行多量程扩展时,注意把拨位开关 K_2 都拨向 OFF,然后把插孔 a,b,c,d,e 和 $dp1,dp2,dp3$ 连接组合成需要的量程(控制相应量程的小数点位),当拨动量程转换开关时, $dp1,dp2,dp3$ 中只有一个通过 a,b,c,d,e 与 S_1 相连,从而对应的小数点将被点亮.具体的接线是: $dp1$-b, $dp1$-e, $dp2$-c, $dp3$-a, $dp3$-d.

① 制作 200 mV(199.9 mV)直流数字电压表头并进行校准.

② 利用分压器扩展电压表头成为多量程直流电压表.

③ 对 200 mV 挡和 2 V 挡记录数据并作校准曲线,如表 5.13 所示.

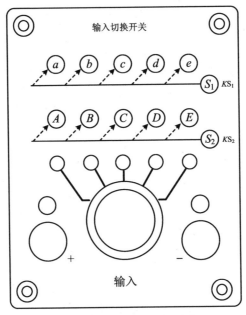

图 5.53　量程转换开关模块

表 5.13　直流电压表组装数据表

$U_{改}$							
$U_{标}$							
$\Delta U = U_{改} - U_{标}$							

$U_{改}$为改装的表头测量值,$U_{标}$为实际标准值,以 $U_{改}$ 为横轴,$\Delta U = U_{改} - U_{标}$ 为纵轴,在坐标纸上作校正曲线(注意:校正曲线为折线,即将相邻两点用直线连接).

六、课后思考

(1) 分析误差曲线,说明实验误差产生的原因.

(2) 参考分流原理,设计制作多量程直流电流表.

(3) 设计制作多量程欧姆表.

七、注意事项

(1) 严格按照实验步骤及要求进行实验.请遵循"先接线,再加电;先断电,再拆线"的原则.在加电前应确认接线已准确无误(特别是在测量高压或大电流时),避免短路造成伤亡事故.

（2）虽然测量电路已加入保护电路,注意不要用电流挡或电阻挡测量电压,避免对仪器造成损失.

（3）当数字表头最高位显示"1"而其余位都不亮时,表明输入信号过大,即超量程.此时应尽快换大量程挡或减小(断开)输入信号,避免长时间超量程工作损坏仪器.

八、附图

待测交流电压、电流电路原理如图 5.54 所示.

ICL7107 芯片的引脚图如图 5.55 所示,它与外围器件的连接图如图 5.56 所示.图 5.56 中它和数码管相连的脚以及电源脚是固定的,所以不加详述.芯片的第 32 脚为模拟公共端,称为 COM 端;第 36 脚 V_r+ 和 35 脚 V_r- 为参考电压正负输入端;第 31 脚 $IN+$ 和第 30 脚 $IN-$ 为测量电压正负输入端;C_{int} 和 R_{int} 分别为积分电容和积分电阻,C_{az} 为自动调零电容,它们与芯片的 27,28 和 29 脚相连;用示波器接在第 27 脚可以观测到前面所述的电容充放电过程,该脚对应实验仪上示波器接口 V_{int};电阻 R_1 和 C_1 与芯片内部电路组合提供时钟脉冲振荡源,从 40 脚可以用示波器测量出该振荡波形,该脚对应实验仪上示波器接口 CLK,时钟频率的快慢决定了芯片的转换时间(因为测量周期总保持 4000 个 T_{cp} 不变)以及测量的精度.下面我们来分析一下这些参数的具体作用.

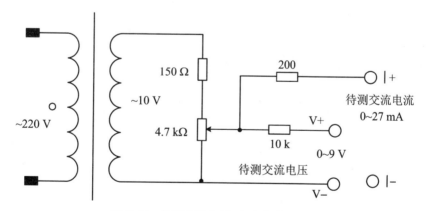

图 5.54　待测交流电压、电流电路原理图

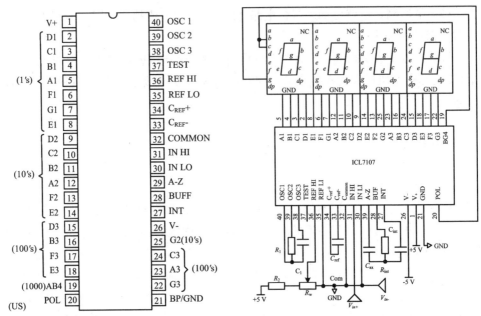

图 5.55   ICL7107 芯片引脚图   图 5.56   ICL7107 和外围器件连接图

R_{int} 为积分电阻,它是由满量程输入电压和用来对积分电容充电的内部缓冲放大器的输出电流来定义的,对于 ICL7107,充电电流的常规值为 $I_{int}=4\ \mu A$,则 R_{int} =满量程/4 μA. 所以在满量程为 200 mV,即参考电压 $V_{ref}=0.1$ V 时,$R_{int}=50$ kΩ,实际选择 47 kΩ 电阻;在满量程为 2 V,即参考电压 $V_{ref}=1$ V 时,$R_{int}=500$ kΩ,实际选择 470 kΩ 电阻. $C_{int}=T_1\times I_{int}/V_{int}$,一般为了减小测量时工频50 Hz 干扰,$T_1$ 时间通常选为 0.1 s,具体的下面再分析,这样又由于积分电压的最大值 $V_{int}=2$ V,所以 $C_{int}=0.2\ \mu F$,实际应用中选取 0.22 μF.

对于 ICL7107,38 脚输入的振荡频率为 $f_0=1/(2.2*R_1*C_1)$,而模数转换的计数脉冲频率是 f_0 的 4 倍,即 $T_{cp}=1/(4*f_0)$,所以测量周期 $T=4000*T_{cp}=1000/f_0$,积分时间(采样时间)$T_1=1000*T_{cp}=250/f_0$. 所以 f_0 的大小直接影响转换时间的快慢. 频率过快或过慢都会影响测量精度和线性度,同学们可以在实验过程中通过改变 R_1 的值观察芯片第 40 脚的波形和数码管上显示的值来分析. 一般情况下,为了提高在测量过程中抗 50 Hz 工频干扰的能力,应使 A/D 转换的积分时间选择为 50 Hz 工频周期的整数倍,即 $T_1=n\times 20$,考虑到线性度和测试效果,我们取 $T_1=0.1$ m($n=5$),这样 $T=0.4$ s,$f_0=40$ kHz,A/D 转换速度为 2.5 次/秒. 由 $T_1=0.1=250/f_0$,若取 $C_1=100$ pF,则 $R_1\approx 112.5$ kΩ. 实验中为了让同学们更好地理解时钟频率对 A/D 转换的影响,我们让 R_1 可以调节,该调节电位器就是实验仪中的电位器 RWC.

第六章　近代物理实验

实验一　迈克耳孙干涉仪的调整和使用

迈克耳孙干涉仪(图 6.1)是 1883 年美国物理学家迈克耳孙和莫雷合作,为研究"以太"漂移而设计制造出来的精密光学仪器.它利用分振幅法产生双光束以实现干涉,在近代物理和近代计量技术中,如在光谱线精细结构的研究和用光波标定标准米尺等实验中都有着重要的应用.利用该仪器的原理,可以研制出多种专用干涉仪和光谱仪器.

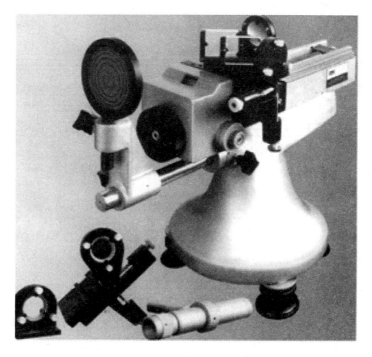

图 6.1　迈克耳孙干涉仪

一、实验目的

(1) 了解迈克耳孙干涉仪的基本原理和组成结构.

(2) 理解非定域干涉、等倾干涉和等厚干涉的基本原理和干涉条纹的形成条件.

(3) 掌握迈克耳孙干涉仪的调整方法和读数方法.

(4) 掌握用迈克耳孙干涉仪测定光波波长的基本原理和方法.

二、实验仪器

迈克耳孙干涉仪,氦氖激光器,毛玻璃观察屏,扩束镜.

(一) 迈克耳孙干涉仪的主体结构

迈克耳孙干涉仪的主体结构如图 6.2 所示,由六个部分组成.

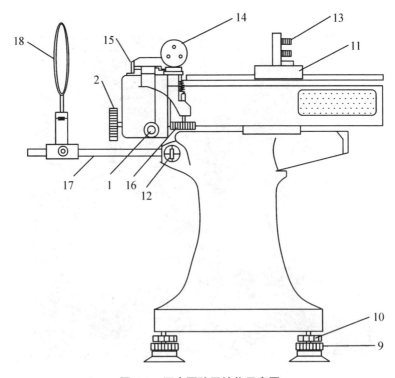

图 6.2　迈克耳孙干涉仪示意图

1. 底座

底座由生铁铸成,较重,确保了仪器的稳定性.由三个调平螺丝 9 支撑,调平后可以拧紧锁紧圈 10 以保持座架稳定.

2. 导轨

如图 6.3 所示,导轨 7 由两根平行的长约 280 mm 的框架和精密丝杆 6 组成,被固定在底座上,精密丝杆穿过框架正中,丝杆螺距为 1 mm.

3. 拖板部分

拖板是一块平板,反面做成与导轨吻合的凹槽,装在导轨上,下方是精密螺母,丝杆穿过螺母,当丝杆旋转时,拖板能前后移动,带动固定在其上的移动镜 11(即 M_1)在导轨面上滑动,实现粗动. M_1 是一块很精密的平面镜,表面镀有金属膜,具有较高的反射率,垂直地固定在拖板上,它的法线严格地与丝杆平行.倾角可分别用镜背后面的三颗滚花螺丝 13 来调节,各螺丝的调节范围是有限的,如果螺丝向后顶得过松,在移动时,可能因震动而使镜面有倾角变化,如果螺丝向前顶得太紧,致使条纹不规则,严重时,有可能使螺丝口打滑或平面镜破损.

4. 定镜部分

定镜 M_2 是与 M_1 相同的一块平面镜,固定在导轨框架右侧的支架上.通过调节其上的水平拉簧螺钉 15 使 M_2 在水平方向转过一微小的角度,能够使干涉条纹在水平方向微动;通过调节其上的垂直拉簧螺钉 16 使 M_2 在垂直方向转过一微小的角度,能够使干涉条纹上下微动;与三颗滚花螺丝 13 相比,15,16 改变 M_2 的镜面方位小得多.定镜部分还包括分光板 P_1 和补偿板 P_2.

5. 读数及传动部分

(1) 读数及传动部分如图 6.3 所示.移动镜 11(即 M_1)的移动距离毫米数可在机体侧面的毫米刻尺 5 上直接读得.

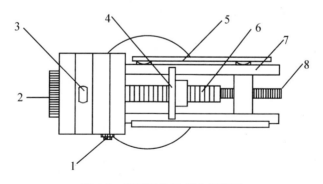

图 6.3　读数及传动部分示意图

(2) 粗调手轮 2 旋转一周,拖板移动 1 mm,即 M_2 移动 1 mm,同时,读数窗口 3 内的鼓轮也转动一周,鼓轮的一圈被等分为 100 格,每格为 10^{-2} mm,读数由窗口上的基准线指示.

（3）微调手轮 1,每转过一周,拖板移动 0.01 mm,可从读数窗口 3 中看到读数鼓轮移动一格.微调鼓轮的周线被等分为 100 格,每格表示为 10^{-4} mm.最后读数应为上述三者之和.

6. 附件

支架杆 17 是用来放置像屏 18 用的,由加紧螺丝 12 固定.

（二）迈克耳孙干涉仪的调整

（1）安装氦氖激光器和迈克耳孙干涉仪.打开氦氖激光器的电源开关,光强度旋钮调至中间,使激光束水平地射向干涉仪的分光板 P_1.

（2）调整激光束,使激光束对分光板 P_1 在水平方向的入射角为 45°.如果激光束对分光板 P_1 在水平方向的入射角为 45°,那么正好以 45° 的反射角向动镜 M_1 垂直入射,原路返回,这个像斑重新进入激光器的发射孔.调整时,先用一张纸片将定镜 M_2 遮住,以免 M_2 反射回来的像干扰视线,然后调整激光器或干涉仪的位置,使激光器发出的光束经 P_1 折射和 M_1 反射后,原路返回到激光出射口,这已表明激光束对分光板 P_1 的水平方向入射角为 45°.

（3）调整定臂光路.将纸片从 M_2 上拿下,遮住 M_1 的镜面.发现从定镜 M_2 反射到激光器发射孔附近的光斑有四个,其中光强最强的那个光斑就是要调整的光斑.为了将此光斑调进发射孔内,应先调节 M_2 背面的 3 个螺钉,改变 M_2 的反射角度.微小改变 M_2 的反射角度,再调节水平拉簧螺钉 15 和垂直拉簧螺钉 16,使 M_2 转过一微小的角度.特别注意,在未调 M_2 之前,这两个细调螺钉必须旋放在中间位置.

（4）拿掉 M_1 上的纸片后,要看到两个臂上的反射光斑进入激光器的发射孔,且在毛玻璃屏上的两组光斑完全重合,若无此现象,应按上述步骤反复调整.

（5）用扩束镜使激光束产生面光源,按上述步骤反复调节,直到毛玻璃屏上出现清晰的等倾干涉条纹.

三、实验原理

迈克耳孙干涉仪的工作原理如图 6.4 所示,M_1,M_2 为两垂直放置的平面反射镜,分别固定在两个垂直的臂上.P_1,P_2 平行放置,与 M_2 固定在同一臂上,且与 M_1 和 M_2 的夹角均为 45°.M_1 由精密丝杆控制,可以沿臂轴前后移动.P_1 的第二面上涂有半透明、半反射膜,能够将入射光分成振幅几乎相等的反射光 $1'$、透射光 $2'$,所以 P_1 称为分光板（又称为分光镜）.$1'$ 光经 M_1 反射后由原路返回,再次穿过分光板 P_1,成为 $1''$ 光,到达观察点 E 处;$2'$ 光到达 M_2 后被 M_2 反射后按原路返回,在 P_1 的第二面上形成 $2''$ 光,也被返回到观察点 E 处.由于 $1'$ 光在到达 E 处之前穿过 P_1 三次,而 $2'$ 光在到达 E 处之前穿过 P_1 一次,为了补偿 $1'$、$2'$ 两光的光程差,便在 M_2 所在的臂上再放一个与 P_1 的厚度、折射率严格相同的 P_2 平面玻璃板,满足了 $1'$、$2'$ 两光在到

达 E 处时无光程差,所以称 P_2 为补偿板.由于 $1',2'$ 光均来自同一光源 S,在到达 P_1 后被分成 $1',2'$ 两光,所以两光是相干光.

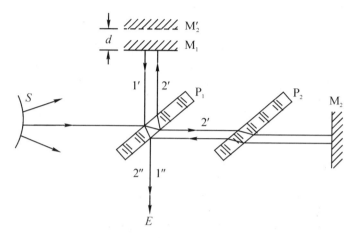

图 6.4　迈克耳孙干涉仪的原理图

综上所述,光线 $2''$ 是在分光板 P_1 的第二面反射得到的,这样使 M_2 在 M_1 的附近(上部或下部)形成一个平行于 M_1 的虚像 M_2',因而,在迈克耳孙干涉仪中,自 M_1,M_2 的反射相当于自 M_1,M_2' 的反射.也就是说,在迈克耳孙干涉仪中产生的干涉相当于厚度为 d 的空气薄膜所产生的干涉,可以等效为距离为 $2d$ 的两个虚光源 S_1 和 S_2' 发出的相干光束,即 M_1 和 M_2' 反射的两束光程差为

$$\delta = 2dn_2\cos i \tag{6-1}$$

两束相干光明暗条件为

$$\delta = 2dn_2\cos i = \begin{cases} k\lambda & 亮 \\ \left(k+\dfrac{1}{2}\right)\lambda & 暗 \end{cases} \quad (k=1,2,3,\cdots) \tag{6-2}$$

式中,i 为反射光 $1'$ 在平面反射镜 M_1 上的反射角;λ 为激光的波长;n_2 为空气薄膜的折射率;d 为薄膜厚度.

凡 i 相同的光线光程差相等,并且得到的干涉条纹随 M_1 和 M_2' 的距离 d 而改变.当 $i=0$ 时,光程差最大,在 O 点处对应的干涉级数最高,由式(6-2)得

$$2d\cos i = k\lambda$$

即

$$d = \frac{k}{\cos i}\cdot\frac{\lambda}{2} \tag{6-3}$$

所以

$$\Delta d = N\cdot\frac{\lambda}{2} \tag{6-4}$$

由式(6-4)可得,当 d 改变一个 $\dfrac{\lambda}{2}$ 时,就有一个条纹"涌出"或"陷入",所以在实

验时只要数出"涌出"或"陷入"的条纹个数 N,读出 d 的改变量 Δd,就可以计算出光波波长 λ 的值

$$\lambda = \frac{2\Delta d}{N} \tag{6-5}$$

从迈克耳孙干涉仪装置中可以看出,S_1 发出的凡与 M_2 的入射角均为 i 的圆锥面上所有光线 a,经 M_1 与 M_2' 的反射,和透镜 L 会聚于 L 的焦平面上,以光轴为对称轴会聚同一点处;从光源 S_2 上发出的与 S_1 中 a 平行的光束 b,只要 i 角相同,它就与 $1',2'$ 的光程差相等,经透镜 L 会聚在半径为 r 的同一个圆上,如图 6.5 所示.

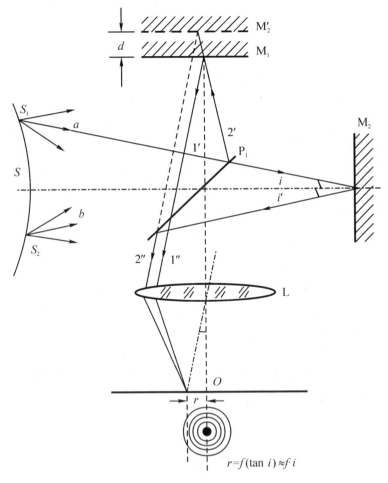

图 6.5　迈克耳孙干涉仪成像示意图

四、实验内容

（1）迈克耳孙干涉仪的手轮操作和读数练习

① 按原理中的图 6.4 组装、调节仪器.

② 连续同一方向转动微调手轮,仔细观察屏上的干涉条纹"涌出"或"陷入"现象,先练习读毫米标尺、读数窗口和微调手轮上的读数. 掌握干涉条纹"涌出"或"陷入"的个数、速度与调节微调手轮的关系.

（2）经上述调节后,读出动镜 M_1 所在的相对位置,此为"0"位置,然后沿同一方向转动微调手轮,仔细观察屏上的干涉条纹"涌出"或"陷入"的个数. 每隔 30 个条纹,记录一次动镜 M_1 的位置. 连续测量 10 次,共记 300 次变化数,填入自拟的表格中.

（3）由式(6-5)计算出氦氖激光的波长. 取其平均值 $\bar{\lambda}$ 与公认值(632.8 nm)比较,并计算其相对误差.

五、数据处理

（1）自拟表格,采用逐差法(见第一章)进行数据处理,算出 Δd.

（2）计算 Δd 的标准偏差

$$\delta_{\Delta d} = \sqrt{\frac{\sum (\Delta d_i - \Delta d)^2}{n-1}}$$

（3）由公式

$$\lambda = 2\Delta d / \Delta K \quad (K = 30)$$

计算激光波长及标准偏差

$$\sigma_\lambda = \frac{2}{\Delta K}\sigma_{\Delta d}$$

六、注意事项

（1）迈克耳孙干涉仪是精密光学仪器,各光学表面必须保持清洁,严禁用手触摸;调整时必须仔细、认真、小心、轻缓,严禁用力过度,损坏仪器.

（2）测量时要防止引入空程误差,影响测量精度.

（3）避免激光直接射入眼睛,否则可能会造成视网膜永久性的伤害.

（4）数条纹变化数目的过程中,若因震动出现条纹抖动难以辨认时,应暂停数条纹数,待稳定后再继续数.

（5）有些仪器粗调和细调手轮刻度不一致,可通过只读细调手轮来读数.

七、思考题

(1) 调节迈克耳孙干涉仪,调节等倾干涉条纹时,怎样判断是否观察到了严格的等倾干涉条纹?

(2) 测量波长时应如何避免空程误差?

(3) 迈克耳孙干涉仪看到的亮点为什么是两排而不是两个? 两排亮点是怎样形成的?

(4) 非定域干涉条纹、等倾干涉条纹和等厚干涉条纹分别定域在何处? 实验中怎样验证?

八、背景资料

阿尔伯特·亚伯拉罕·迈克耳孙(Albert Abraham Michelson)1852 年 12 月 19 日出生于普鲁士斯特雷诺(现属波兰),1931 年 5 月 9 日在帕萨迪纳逝世.

因发明精密光学仪器和借助这些仪器在光谱学和度量学的研究工作中做出贡献,他被授予了 1907 年度诺贝尔物理学奖.

迈克耳孙童年随父母定居美国. 受旧金山男子中学校长的引导,迈克耳孙对科学,特别是光学和声学发生了兴趣,并展示了自己的实验才能. 1869 年,他被选拔到美国安纳波利斯海军学院学习,毕业后曾任该校物理和化学讲师. 1880~1882 年,他被批准到欧洲攻读研究生,先后到柏林大学、海德堡大学、法兰西学院学习. 1883 年,他任俄亥俄州克利夫兰市开斯应用科学学院物理学教授. 1889 年,他成为麻省伍斯特的克拉克大学的物理学教授,在这里着手进行计量学的一项宏伟计划. 1892 年,他改任芝加哥大学物理学教授,后任该校第一任物理系主任,在这里他培养了对天文光谱学的兴趣. 1910~1911 年,他担任美国科学促进会主席. 1923~1927 年,他担任美国科学院院长. 1931 年 5 月 9 日,他因脑出血在加利福尼亚州的帕萨迪纳逝世,终年 79 岁.

迈克耳孙的名字是和迈克耳孙干涉仪及迈克耳孙-莫雷实验联系在一起的,实际上这也是迈克耳孙一生中最重要的贡献. 在迈克耳孙的时代,人们认为光和一切电磁波必须借助绝对静止的"以太"进行传播,而"以太"是否存在以及是否具有静止的特性,在当时还是一个谜. 有人试图测量地球的运动所引起的"以太风",来证明"以太"的存在和"以太"静止的特性,但由于仪器精度所限,遇到了困难. 麦克斯韦曾于 1879 年写信给美国航海年历局的 D. P. 托德,建议用罗默的天文学方法研究这一问题. 迈克耳孙知道这一情况后,决心设计出一种灵敏度达到亿分之一的方法,测出与"以太"有关的效应. 1881 年他在柏林大学亥姆霍兹实验室工作,他发明了高精度的迈克耳孙干涉仪,进行了著名的"以太"漂移实验. 他认为若地球绕太阳公转,相对于"以太"运动时,其平行于地球运动方向和垂直于地球运动方向上,光通过相等距离所需时间不同,因此在仪器转动 90°时,前后两次所产生的干涉必有 0.04 条条纹移动. 1881 年迈克耳孙用最初建造的干涉仪进行实验,这台仪器的光学部分用蜡封在平台上,调节很不方便,测量一个数据往往要好几小时. 实验得出了否定结果. 1884 年在访美的瑞利、开尔文等的鼓励下,他和化学家莫雷(Morley, 1838~1923 年)合作,提高了干涉仪的灵敏度,得到的结果仍然是否定的. 1887 年他们继续改进仪器,光路增加到 11 m,花了整整 5 天时间,仔细地观察地球沿轨道与静止"以太"之间的相对运动,结果仍然是否定的. 这一实验引起了科学家们的关注,与热辐射中的"紫外灾难"并称为"科学史上的两朵乌云". 随后有十多人前后重复这一实验,历时 50 年之久. 对它的进一步研究,导致了物理学的新发展.

迈克耳孙的另一项重要贡献是对光速的测定. 早在海军学院工作时,由于航海的实际需要,他对光速的测定开始感兴趣,1879 年开始光速的测定工作. 他是继菲佐、傅科、科纽之后,第四个在地面测定光速的. 他得到了岳父的赠款和政府的资助,使他有条件改进实验装置. 他用正八角钢质棱镜代替傅科实验中的旋转镜,由此使光路延长 600 m. 返回光的位移达 133 mm,提高了精度. 他多次进行光速的测定工作,其中最精确的测定值是 1924~1926 年在南加利福尼亚山间 22 英里(1 英里＝1609.344 米)长的光路上进行的,其值为 (299796 ± 4) km/s. 迈克耳孙从不满足于已达到的精度,总是不断改进,反复实验,孜孜不倦,精益求精,整整花了半个世纪的时间,最后在一次精心设计的光速测定工作中,不幸因中风而去世,后来由他的同事发表了这次测量结果. 他确实是用毕生的精力献身于光速的测定工作.

迈克耳孙在基本度量方面也做出了贡献. 1893 年,他用自己设计的干涉仪测定了红镉线的波长,实验说明当温度为 15 ℃、气压为 760 mmHg 时,镉红线在干燥空气中的波长为 643.84696 nm,于是,他提出用此波长作为标准长度,来核准基准米尺,用这一方法订出的基准长度经久不变,因此它被世界所公认,一直沿用到 1960 年.

1920 年迈克耳孙和天文学家皮斯合作,把一台 20 英尺的干涉仪放在 100 英寸反射望远镜后面,构成了恒星干涉仪,用它测量了恒星参宿四(即猎户座一等变光星)的直径,它的直径相当大,线直径为 2.50×10^8 英里,约为太阳直径的 300 倍,此方法后被用来测定其他恒星的直径.

迈克耳孙的第一个重要贡献是发明了迈克耳孙干涉仪,并用它完成了著名的迈克耳孙-莫雷实验. 按照经典物理学理论,光乃至一切电磁波必须借助静止的"以太"来传播. 地球的公转产生相对于"以太"的运动,因而在地球上两个垂直的方向上,光通过同一距离的时间应当不同,这一差异在迈克耳孙干涉仪上应产生 0.04 个干涉条纹移动. 1881 年,迈克耳孙在实验中未观察到这种条纹移动. 1887 年,迈克耳孙和著名化学家莫雷合作,改进了实验装置,使精度达到 0.25 nm,但仍未发现条纹有任何移动. 这次实验的结果暴露了"以太"理论的缺陷,动摇了经典物理学的基础,为狭义相对论的建立铺平了道路.

迈克耳孙是第一个倡导用光波的波长作为长度基准的科学家. 1892 年,迈克耳孙利用特制的干涉仪,以法国的米原器为标准,在温度为 15 ℃、压力为 760 mmHg 的条件下,测定了镉红线波长是 643.84696 nm,于是,1 m 等于 1553164 倍镉红线波长. 这是人类首次获得了一种永远不变且毁坏不了的长度基准.

在光谱学方面,迈克耳孙发现了氢光谱的精细结构以及水银和铊光谱的超精细结构,这一发现在现代原子理论中起到了重大作用. 迈克耳孙还运用自己发明的"可见度曲线法"对谱线形状与压力的关系、谱线展宽与分子自身运动的关系做了详细研究,其成果对现代分子物理学、原子光谱学和激光光谱学等新兴学科都产生了重大影响. 1898 年,他发明了一种阶梯光栅来研究塞曼效应,其分辨本领远远高于普通的衍射光栅.

迈克耳孙是一位出色的实验物理学家,他所完成的实验都以设计精巧、精确度高而闻名,爱因斯坦曾赞誉他为"科学中的艺术家".

实验教学视频

实验二　密里根油滴实验

电子电荷是一个重要的基本物理量,对它的准确测定有重大意义. 1883 年,科学家由法拉第电解定律发现了电荷的不连续结构;1897 年,汤姆孙通过对阴极射线的研究,测量了电子的荷质比,从实验上发现了电子的存在;而用个别粒子所带的电荷直接证明电荷的分立性,以及首先准确测定电子电荷的数值,则是由密里根在 1911 年完成的. 本实验利用密里根油滴实验仪验证电荷的不连续性,求出电子所带的电量. 从实验结果可以看出,任何油滴从空气中捕获的电荷都是最小电荷的整数倍.

该实验是一个近代物理实验,适合自动化、电子信息工程、电气工程及其自动化、机械设计制造及其自动化、材料成型及控制工程、资源勘查工程、勘查技术与工程、船舶与海洋工程等专业以及对近代物理理论和实验感兴趣的同学选做.

一、实验目的

（1）了解密里根油滴仪的结构,通过油滴实验测定电子电荷的设计思想和方法.

（2）了解 CCD 图像传感器的原理和电视显微测量方法.

（3）通过对带电油滴在重力场和静电场中运动的测量,来测量基本电荷的大小,验证电荷的量子性.

（4）通过实验中对仪器的调整、油滴的选择、跟踪、测量及数据处理,培养学生科学的实验方法.

二、实验仪器

MOD-5C 型密里根油滴仪（图 6.6）,钟表油,喷雾器.

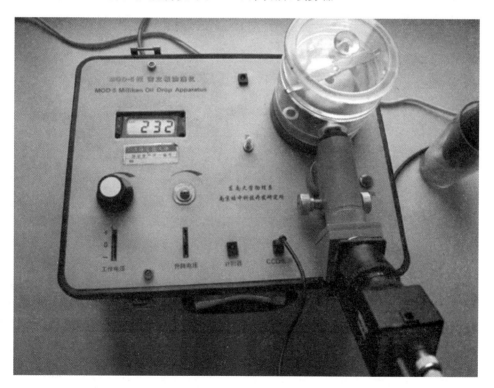

图 6.6　MOD-5C 型密里根油滴仪

MOD-5C 型密里根油滴仪主要由水平放置的平行极板（油滴盒）、调平装置、照明装置、测量显微镜、电源、计时器（秒表）、CCD 图像监视系统等部分组成.

油滴盒结构如图 6.7 所示.油滴盒有两块经过精磨的平行极板,上极板中央有一个直径为 0.4 mm 的小孔,油滴从油雾室经油雾孔落入小孔,进入上、下极板之间.油滴盒防风罩前装有测量显微镜,用以观察平行极板间的油滴.测量显微镜目镜头中装有分划板,其垂直总刻度相当于视场中的 0.3 cm,用以测量油滴运动的距离.

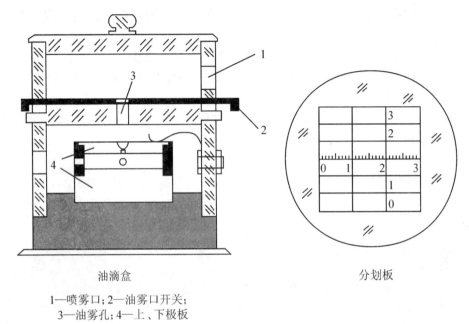

油滴盒   分划板

1—喷雾口;2—油雾口开关;
3—油雾孔;4—上、下极板

图 6.7　密里根油滴实验示意图

三、实验原理

用油滴法测量电子的电荷,可以用静态(平衡)测量法或动态(非平衡)测量法.前者的测量原理、实验操作和数据处理都较简单,常被非物理专业的物理实验所采用;后者则常被物理专业的物理实验所采用.两种测量方法分述如下.

(一)静态(平衡)测量法

用喷雾器将油喷入两块相距为 d 的水平放置的平行极板之间.油在喷射撕裂成油滴时,一般都是带电的.设油滴的质量为 m,所带的电荷为 q,两极板间的电压为 V,则油滴在平行极板间将同时受到重力 mg 和静电力 qE 的作用,如图 6.8 所示.如果调节两极板间的电压 V,可使两力达到平衡,这时,

$$mg = qE = V/d \tag{6-6}$$

从式(6-6)可见,为了测出油滴所带的电量 q,除了需要测定 V 和 d 外,还需要测量油滴质量 m.因 m 很小,需用如下特殊方法测定:平行极板不加电压时,油滴受重力作用而加速下降,由于空气阻力的作用,下降一段距离达到某一速度 v_g 后,

阻力 f_r 与重力 mg 平衡,如图 6.8 所示(空气浮力忽略不计),油滴将匀速下降. 根据斯托克斯定律,油滴匀速下降时,

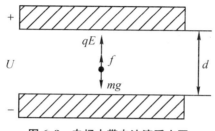

图 6.8　电场中带电油滴受力图

$$f_r = 6\pi\eta v_g = mg \tag{6-7}$$

式中,η 是空气的黏滞系数;a 是油滴的半径(由于表面张力的原因,油滴总是呈小球状). 设油的密度为 ρ,油滴的质量 m 可以用下式表示:

$$m = 4\pi a^3 \rho / 3 \tag{6-8}$$

由式(6-7)和式(6-8),得到油滴的半径

$$a = \sqrt{\frac{9\eta v_g}{2\mu g}} \tag{6-9}$$

对于半径小到 10^{-6} m 的小球,空气的黏滞系数 η 应做如下修正:

$$\eta' = \eta / (1 + b/pa)$$

这时斯托克斯定律应改为

$$f_r = 6\pi a\eta v_g / (1 + b/pa)$$

式中,b 为修正常数,$b = 6.17 \times 10^{-6}$ 厘米汞柱;p 为大气压强,单位用厘米汞柱,得

$$a = \sqrt{\frac{9\eta v_g}{2\rho g} \frac{1}{1 + \dfrac{b}{pa}}} \tag{6-10}$$

上式根号中还包含油滴的半径 a,但它处于修正项中,不需十分精确,因此可用式(6-9)计算. 将式(6-10)代入式(6-8),得

$$m = \frac{4}{3}\pi \left(\frac{9\eta v_g}{2\rho g} \frac{1}{1 + \dfrac{b}{pa}} \right)^{\frac{3}{2}} \rho \tag{6-11}$$

至于油滴匀速下降的速度 v_g,可用下法测出,当两极板间的电压 V 为零时,设油滴匀速下降的距离为 l,时间为 t_g,则

$$v_g = l/t_g \tag{6-12}$$

将式(6-12)代入式(6-11),式(6-11)代入式(6-8),式(6-8)代入式(6-6),得

$$q = \frac{18\pi}{\sqrt{2\rho g}} \left[\frac{\eta l}{t_g \left(1 + \dfrac{b}{pa}\right)} \right]^{\frac{3}{2}} \frac{d}{V} \tag{6-13}$$

上式是用平衡测量法测定油滴所带电荷的理论公式.

(二)动态(非平衡)测量法

平衡测量法是在静电力 qE 和重力 mg 达到平衡时导出公式(6-13)进行实验测量的. 非平衡测量法则是在平行极板上加以适当的电压 V,但并不调节 V 使静电力和重力达到平衡,而是使油滴受静电力作用加速上升. 由于空气阻力的作用,上升一段距离达到某一速度 v_e 后,空气阻力、重力与静电力达到平衡(空气浮力忽略不计),油滴将以匀速上升,这时,

$$6\pi a\eta v_e = qV/d - mg$$

当去掉平行极板上所加的电压 V 后,油滴受重力作用而加速下降. 当空气阻力和重力平衡时,

$$6\pi a\eta v_g = mg$$
$$v_e/v_g = (qV/d - mg)/(mg)$$

可得

$$q = mg[(v_g + v_e)/v_g] \times d/V \tag{6-14}$$

如果油滴所带的电量从 q 变到 q',滴在电场中匀速上升的速度将由 v_e 变成 v'_e,而匀速下降的速度 v_g 不变,这时,

$$q' = mg[(v_g + v'_e)/v_g] \times d/V$$

电量的变化量

$$q_i = q - q' = mg[(v_g - v'_e)/v_g] \times d/V \tag{6-15}$$

实验时取油滴匀速下降和匀速上升的距离相等,设都为 l. 测出油滴匀速下降的时间为 t_g,匀速上升的时间分别为 t_e 和 t'_e,则

$$v_g = l/t_g, \quad v_e = l/t_e, \quad v'_e = l/t'_e \tag{6-16}$$

将式(6-11)油滴的质量 m 和式(6-16)代入式(6-14)和式(6-15),得

$$q = \frac{18\pi}{\sqrt{2\rho g}}\left(\frac{\eta l}{1+\dfrac{b}{pa}}\right)^{\frac{3}{2}} \frac{d}{V}\left(\frac{1}{t_e} + \frac{1}{t_g}\right)\left(\frac{1}{t_g}\right)^{\frac{1}{2}}$$

$$q_i = \frac{18\pi}{\sqrt{2\rho g}}\left(\frac{\eta l}{1+\dfrac{b}{pa}}\right)^{\frac{3}{2}} \frac{d}{V}\left(\frac{1}{t_e} - \frac{1}{t'_e}\right)\left(\frac{1}{t_g}\right)^{\frac{1}{2}}$$

令

$$K = \frac{18\pi}{\sqrt{2\rho g}}\left(\frac{\eta l}{1+\dfrac{b}{pa}}\right)^{\frac{3}{2}} d$$

则

$$q = K\left(\frac{1}{t_e} + \frac{1}{t_g}\right)\left(\frac{1}{t_g}\right)^{\frac{1}{2}}\frac{1}{V} \tag{6-17}$$

$$q_i = K\left(\frac{1}{t_e} - \frac{1}{t_e'}\right)\left(\frac{1}{t_g}\right)^{\frac{1}{2}}\frac{1}{V} \tag{6-18}$$

从实验所测得的结果,可以分析出 q 与 q_i 只能为某一数值的整数倍,由此可以得出油滴所带电子的总数 n 和电子的改变数 i,从而得到一个电子的电荷为

$$e = q/n = q_i/i \tag{6-19}$$

四、实验内容

(一) 油滴仪的调整

油滴实验装置是由油滴盒、油滴照明装置、调平系统、测量显微镜、供电电源以及电子停表、喷雾器等组成的,其实验装置如图 6.7 所示. 其中油滴盒是两块经过精磨的金属平板,中间垫以胶木圆环构成的平行板电容器. 在上板中心处有落油孔,使微小油滴可以进入电容器中间的电场空间,胶木圆环上有进光孔、观察孔. 进入电场空间内的油滴由照明装置照明,油滴盒可通过调平螺旋调整水平,用水准仪检查. 油滴盒防风罩前装有测量显微镜,用来观察油滴. 在目镜头中装有分划板.

电容器极板上所加电压由直流平衡电压和直流升降电压两部分组成. 其中平衡电压大小连续可调,并可从伏特计上直接读数,其极性由换向开关控制,以满足对不同极性电压的需要. 升降电压的大小可连续调节,并可通过换向开关叠加在平衡电压上,以控制油滴在电容器内上下的位置,但数值不能从伏特计中读出,因此在控制油滴的运动和测量时,升降电压应拨到零.

油滴实验是一个操作技巧要求较高的实验,为了得到满意的实验结果,必须仔细认真地调整油滴仪.

(1) 调节仪器水平. 首先要调节调平螺丝,将平行电极板调到水平,使平衡电场方向与重力方向平行,以免引起实验误差. 仪器使用前要预热 10 分钟,同时调节分划板位置,并调节目镜使分划板刻线清晰. 将油从喷雾口喷入,微调测量显微镜的调焦手轮,使视场中出现大量清晰的油滴.

(2) 为了使望远镜迅速准确地调焦在油滴下落区,可将细铜丝或玻璃丝插入上盖板的小孔中,此时上、下极板必须处于短路状态,即外加电压为零,否则将损坏电源,影响人身安全. 调整目镜使横丝清晰,位置适当,调整物镜位置使铜丝或玻璃丝成像在横丝平面上,并调整光源,使其均匀照亮,背景稍暗即可. 调整好望远镜的位置后不得移动. 取出铜丝或玻璃丝,盖好屏幕盒盖板.

(3) 喷雾器是用来快速向油滴仪内喷油雾的,在喷射过程中,由于摩擦作用使油滴带电,为了在视场中获得足够多供挑选的油滴,在喷射油雾时,一定要将油滴

仪两极板短路.

(二) 进行测量

选择适当的油滴,测量油滴上所带的电荷电量,并进一步测量元电荷电量.

当油雾从喷雾口喷入油滴室内后,视场中将出现大量清晰的油滴,试加上平衡电压,改变其大小和极性,驱散不需要的油滴,练习控制其中一颗油滴的运动,并用停表记录油滴经过两条横丝间距所用的时间.具体步骤如下:

(1) 首先选择合适的油滴,一般选择平衡电压在 200~300 V,通过 2 mm 的时间在 20 s 左右的油滴为宜.

(2) 将油滴调至分划板的上方,仔细调整并记录平衡电压,然后将平衡电压开关置"零",让油滴自由下落,记录油滴通过 2 mm 的时间 t_g.

(3) 这时油滴在分划板的下方,加上平衡电压使油滴平衡,然后加上升降电压,调节升降电压调节旋钮,使数字电压表读数为 450 V 左右,使油滴上升,测量并记录通过 2 mm 的时间 t_2.

(4) 重复(2)和(3)步骤,对同一油滴测量 7 次.注意:每次必须重新调整平衡电压并做记录.整个测量过程中都要对油滴进行跟踪,以免油滴丢失.

(三) 数据处理

为了提高测量结果的精确度,每个油滴上下往返次数不宜少于 7 次,要求测得 9 个不同的油滴或一个油滴所带电量改变 7 次以上.读取实验给定的其他有用常数,计算电荷的基本单位(数据处理方法不限),并选取一个油滴计算所带电荷的标准偏差 $\Delta q/q$.

实验参数如下:

(1) $g=9.794 \text{ m} \cdot \text{s}^{-2}$;

(2) $r_0=981 \text{ kg} \cdot \text{s}^{-3}$;

(3) $r'=1.293 \text{ kg} \cdot \text{m}^{-3}$;

(4) $d=5.00\times10^{-3} \text{ m}$;

(5) $\eta_{t=20\,℃}=1.83 \text{ kg} \cdot \text{m}^{-1} \cdot \text{s}^{-1}$;

(6) $P_{t=20\,℃}=1.0133\times10^5 \text{ Pa}$;

(7) $b=8.22\times10^{-3} \text{ m} \cdot \text{Pa}$.

五、注意事项

(1) 使用喷雾器往油雾室喷油时,不要连续喷多次,一般喷一下即可,以防堵塞极板上的小孔.

(2) 正确控制选中的油滴,不要让其跑出显示器的屏幕.要求每个油滴测量6～10次.

（3）实验完毕,记录室温和空气的黏滞系数,数据处理时要用到.

六、思考题

（1）如何判断油滴是否处在平衡状态?

（2）实验中如何选择合适的油滴进行测量?

（3）试分析空气浮力对实验结果的影响.

（4）在实验过程中,未调节水平螺丝,即极板没有处于水平状态,对实验结果有什么影响?

（5）操作时怎样使油滴在计时开始时已经处于匀速运动状态?

七、背景资料

密里根是著名的实验物理学家,从 1907 年开始,他在总结前人实践经验的基础上,着手电子电荷量的测量研究,之后改为以微小的油滴作为带电体,进行基本电荷量的测量,并于 1911 年宣布了实验的结果,证实了电荷的量子化.此后,密里根又继续改进实验,精益求精,提高测量结果的精度,在十余年的时间里,做了几千次实验,取得了可靠的结果,最早完成了基本电荷量的测量工作.1917 年精确测定出 e 值为 4.807×10^{-10} 的静电单位电量,误差为 $\pm 0.005 \times 10^{-10}$ 的静电单位电量.

在物理学史上,确定电子的荷质比,进而测定电子的绝对电荷值,是一件极有意义的工作.1890 年斯通尼(Stoney)最早提出"电子"一词,用以表示基本电荷的载体.汤姆孙(Thomson)、勒纳(Lenard)和威尔逊(Wilson)等人曾以阴极射线管、气体云室证实电子的存在,并测定了电子的荷质比.但此时一部分物理学家和哲学家都持怀疑态度,像门捷列夫这样伟大的科学家,直到临终时还否认电子的存在.1913 年,密里根以闻名的油滴实验再次证实电子的存在,并在绝对意义下测定了电子的电荷值,电子的普遍存在从此得到令人信服的证明.密里根的实验设备简单而有效,构思和方法巧妙而简洁,他采用了宏观的力学模式来研究微观世界的量子特性,所得数据精确且结果稳定,无论在实验的构思还是在实验的技巧上都堪称是第一流的,该实验是一个著名的有启发性的实验,因而被誉为实验物理的典范.密里根由于在测量电子电荷量以及在研究光电效应等方面的杰出成就而荣获 1923 年诺贝尔物理学奖.

实验三   普朗克常数的测定

在近代物理学中,光电效应在证实光的量子性方面有着重要地位. 1905 年,爱因斯坦在普朗克量子假说的基础上圆满地解释了光电效应. 约十年后,密里根以精确的光电效应实验证实了爱因斯坦的光电效应方程,并测定了普朗克常数. 而今光电效应已经广泛地应用于各领域. 利用光电效应制成的光电器件,如光电管、光电池、光电倍增管等已成为生产和科研中不可缺少的器件.

普朗克常数是自然界中一个很重要的普适常数,它可以用光电效应法简单而又较准确地求出,所以,进行光电效应实验并通过实验求取普朗克常数有助于我们了解量子物理学的发展及对光的本性认识. 目前,普朗克常数的公认值是 $h=6.626176 \times 10^{-34}$ J·s.

一、实验目的

(1) 了解光电效应的规律,加深对光的量子性的理解.

(2) 利用光电效应测量普朗克常数 h.

(3) 学会用最小二乘法和作图法处理数据.

二、实验仪器

YGP-2 型普朗克常数测量仪(包括汞灯、干涉滤光片(365 nm,405 nm,436 nm,546 nm,577 nm)、光电管、光电效应测试仪、示波器等)如图 6.9 所示.

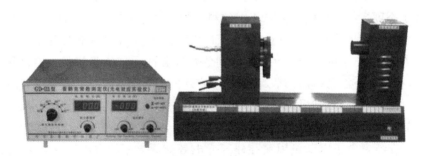

图 6.9   普朗克常数测量仪

三、实验原理

光电效应实验原理如图 6.10 所示,其中 S 为真空光电管,K 为阴极,A 为阳极,当无光照射阴极时,由于阳极与阴极是断路,所以检流计 G 中无电流流过,当用一波长比较短的单色光照射到阴极 K 上时,形成光电流,光电流随加速电位差 U 变化的伏安特性曲线如图 6.11 所示.

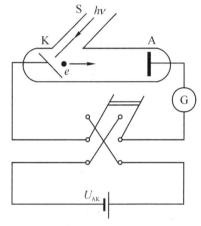
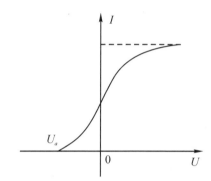

图 6.10　光电效应实验原理图　　　　图 6.11　光电管的伏安特性曲线

光电流随加速电位差 U 的增加而增加,加速电位差增加到一定量值后,光电流达到饱和值 I_H,饱和电流与光强成正比,而与入射光的频率无关. 当 $U = U_A - U_K$ 变成负值时,光电流迅速减小. 实验指出,有一个遏止电位差 U_a 存在,当电位差达到这个值时,光电流为零.

光电子从阴极逸出时,具有初动能,在减速电压下,光电子逆着电场力方向由 K 极向 A 极运动,当 $U = U_0$ 时,光电子不再能达到 A 极,光电流为零,所以电子的初动能等于它克服电场力所做的功,即

$$\frac{1}{2} mv^2 = eU_0 \tag{6-20}$$

根据爱因斯坦关于光的本性的假设,光是一粒一粒运动着的粒子流,这些光粒子称为光子,每一光子的能量为 $E = h\nu$,其中 h 为普朗克常量,ν 为光波的频率,不同频率的光波对应光子的能量不同,光电子吸收了光子的能量 $h\nu$ 之后,一部分消耗于克服电子的逸出功 A,另一部分转换为电子动能,由能量守恒定律可知

$$h\nu = \frac{1}{2} mv^2 + A \tag{6-21}$$

式(6-21)称为爱因斯坦光电效应方程. 其中 m 和 v 是光电子的质量和速度.

实验指出,当光的频率 $\nu < \nu_0$(即 $h\nu < A$)时,不论用多强的光照射金属物质,电

子都不能逸出金属表面,因而没有光电效应产生.产生光电效应的入射光最低频率 $\nu_0 = \dfrac{A}{h}$,称为光电效应的极限频率(又称红限).不同的金属材料有不同的脱出功,因而 ν_0 也是不同的.光电子的能量决定于光子的频率 ν,光子的频率越高,光电子的能量越大;而光电子的数目只决定于入射光强,即光强只影响光电子所形成光电流的大小.

爱因斯坦光电效应方程同时提供了测普朗克常数的一种方法.由式(6-20)和式(6-21)可得

$$h\nu = e \mid U_0 \mid + A$$

当用不同频率$(\nu_1, \nu_2, \cdots, \nu_n)$的单色光分别做光源时,就有

$$h\nu_1 = e \mid U_1 \mid + A$$
$$h\nu_2 = e \mid U_2 \mid + A$$
$$\cdots$$
$$h\nu_n = e \mid U_n \mid + A$$

任意联立其中两个方程就可得到

$$h = \frac{e(U_i - U_j)}{\nu_i - \nu_j} \tag{6-22}$$

由此若测定了两个不同频率的单色光所对应的遏止电位差,即可算出普朗克常数 h,也可由 U_0-ν 直线的斜率 k 求出 h.

因此,用光电效应方法测量普朗克常数的关键在于获得单色光,测量光电管的伏安特性曲线和确定遏止电位差值.

实验中,单色光可由汞灯光源经过滤光片选择谱线产生,汞灯是一种气体放电光源,点燃稳定后,在可见光区域内有几条波长相差较远的强谱线,如表 6.1 所示,与滤光片联合作用后可产生需要的单色光.

表 6.1 可见光区汞灯强谱线

波长(nm)	频率(10^{14} Hz)	颜色
577.0	5.198	黄
546.1	5.492	绿
435.8	6.882	蓝
404.7	7.410	紫
365.0	8.216	近紫外

为了获得准确的遏止电位差值,本实验用的光电管应该具备下列条件:

① 对所有可见光谱都比较灵敏.

② 阳极包围阴极,这样当阳极为负电位时,大部分光电子仍能射到阳极.

③ 阳极没有光电效应,不会产生反向电流.

④ 暗电流很小.

但是实际使用的真空型光电管并不完全满足以上条件,由于存在阳极光电效应所引起的反向电流和暗电流(即无光照射时的电流),所以测得的电流值实际上包括上述两种电流和由阴极光电效应所产生的正向电流三个部分,故伏安曲线并不与 U 轴相切.暗电流是由阴极的热电子发射及光电管管壳漏电等原因产生的,与阴极正向光电流相比,其值很小,且基本上随电位差 U 呈线性变化,因此可忽略其对遏止电位差的影响.阳极反向光电流虽然在实验中较显著,但它服从一定规律,据此,确定遏止电位差值,可采用以下两种方法:

（1）交点法

光电管阳极用逸出功较大的材料制作,制作过程中尽量防止阴极材料蒸发,实验前对光电管阳极通电,减少其上溅射的阴极材料,实验中避免入射光直接照射到阳极上,这样可使它的反向电流大大减少,其伏安特性曲线与图 6.11 十分接近,因此曲线与 U 轴交点的电位差值近似等于遏止电位差 U_a,此即交点法.

（2）拐点法

光电管阳极反向光电流虽然较大,但在结构设计上,若使反向光电流能较快地饱和,则伏安特性曲线在反向电流进入饱和段后有着明显的拐点,如图 6.12 所示,此拐点的电位差即为遏止电位差.

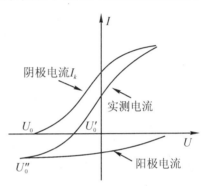

图 6.12　光电管的实测伏安特性曲线

四、实验内容

（一）测试前准备

将测试仪及汞灯电源接通,预热 20 分钟.把汞灯及光电管暗箱遮光盖盖上,将汞灯暗箱光输出口对准光电管暗箱光输入口,调整光电管与汞灯距离(约为 40 cm)并保持不变.

用专用连接线将光电管暗箱电压输入端与测试仪电压输出端(后面板上)连接起来(红-红,蓝-蓝).将"电流量程"选择开关置于所选挡位,仪器在充分预热后,进行测试前调零,旋转"调零"旋钮使电流指示为 000.0.

用高频匹配电缆将光电管暗箱电流输出端与测试仪微电流输入端(后面板上)连接起来.

（二）测光电管的伏安特性曲线

先将功能选择按键置于"伏安特性测试(手动)"挡,再将电压选择按键置于

−2～+30 V,将"电流量程"选择开关置于 10^{-11}～10^{-13} 挡(根据光电流的大小而定).将直径 4 mm 的光阑及 435.8 nm 和 546.1 nm 的滤色片装在光电管暗箱光输入口上.

(1) 从低到高调节电压(从−2 V 开始,按实测曲线的形状,测量到电压为 0 左右),记录电流从非零(电流极性为负)到零再到非零(电流极性为正)所对应的电压值作为第一组数据,以后电压每变化一定值,记录一组数据到表 6.2 中.

表 6.2 *I*-*U*~AK~ 关系

435.8 nm	U_{AK}(V)							
光阑 4 mm	$I(\times10^{-11}$ A)							
546.1 nm	U_{AK}(V)							
光阑 4 mm	$I(\times10^{-11}$ A)							

(2) 当 U_{AK} 为 30 V 时,将"电流量程"选择开关置于 10^{-10} A 挡(具体置于哪一挡,根据光电流的大小而定).记录光阑分别为 2 mm,4 mm,8 mm 时对应的电流值于表 6.3 中.

换上直径 4 mm 的光阑及 546.1 nm 的滤色片,重复(1)、(2)测量步骤.

用表 6.2 数据在坐标纸上作对应于以上两种波长及光强的伏安特性曲线.

由于照到光电管上的光强与光阑面积成正比,用表 6.3 数据验证光电管的饱和光电流与入射光强成正比.

表 6.3 I_M-*P* 关系　　　　　　　　$U_{AK}=$　　V

435.8 nm	光阑孔 Φ	2	4	8
	$I(\times10^{-10}$ A)			
546.1 nm	光阑孔 Φ	2	4	8
	$I(\times10^{-10}$ A)			

(三) 测普朗克常数 h

理论上,测出各频率的光照射下阴极电流为零时对应的 U_{AK},其绝对值即该频率的截止电压,然而实际上由于光电管的阳极反向电流、暗电流、本底电流及极间接触电位差的影响,实测电流并非阴极电流,实测电流为零时对应的 U_{AK} 也并非截止电压.

光电管制作过程中阳极往往被污染,沾上少许阴极材料,入射光照射阳极或入射光从阴极反射到阳极之后都会造成阳极光电子发射,U_{AK} 为负值时,阳极发射的电子向阴极迁移构成了阳极反向电流.

暗电流和本底电流是热激发产生的光电流与杂散光照射光电管产生的光电流,可以在光电管制作或测量过程中采取适当措施,减少或消除它们的影响.

极间接触电位差与入射光频率无关,只影响 U_0 的准确性,不影响 U_0-ν 直线的斜率,对测定 h 无影响.

此外,截止电压是光电流为零时对应的电压,电流放大器灵敏度不够,或稳定性不好,都会给测量带来较大误差.

本实验仪器采用了新型结构的光电管.其特殊结构使光不能直接照射到阳极,由阴极反射照到阳极的光也很少,加上采用新型的阴、阳极材料及制造工艺,使得阳极反向电流大大降低,暗电流也很少.

由于本仪器的特点,在测量各谱线的截止电压 U_0 时,可不用难于操作的拐点法,而用零电流法或补偿法.

(1) 零电流法. 直接将各谱线照射下测得的电流为零时对应的电压 U_{AK} 的绝对值作为截止电压 U_0. 此法的前提是阳极反向电流、暗电流和本底电流都很小,用零电流法测得的截止电压与真实值相差很小. 各谱线的截止电压都相差 U,对 U_0-ν 曲线的斜率无大的影响,因此对 h 的测量不会产生大的影响.

(2) 补偿法. 调节电压 U_{AK},使电流为零后,保持 U_{AK} 不变,遮挡汞灯光源,此时测得的电流 I_1 为电压接近截止电压时的暗电流和本底电流. 重新让汞灯照射光电管,调节电压 U_{AK} 使电流值至 I_1,将此时对应的电压 U_{AK} 的绝对值作为截止电压 U_0. 此法可补偿暗电流和本底电流对测量结果的影响.

(3) 测量. 先将功能选择按键置于"截止电压测试(手动)"挡,再将选择按键置于 $-2\sim2$ V 挡;将"电流量程"选择开关置于 10^{-12} 挡(或 10^{-13} 挡,具体视电流大小决定),将测试仪电流输入电缆断开,调零后重新接上;将直径为 4 mm 的光阑及 365.0 nm 的滤色片装在光电管暗箱光输入口上.

从低(-2 V)到高调节电压,用零电流法或补偿法测量该波长对应的 U_0,并将数据记于表 6.4 中.

表 6.4 　U_0-ν 关系　　　　　　　　　光阑孔 $\Phi=4$ mm

波长 λ(nm)	365.0	404.7	435.8	546.1	577.0
频率 ν($\times10^{14}$ Hz)	8.216	7.410	6.882	5.492	5.196
截止电压 U_{01}(V)					
截止电压 U_{02}(V)					
截止电压 $\overline{U}_0$(V)					

依次换上 404.7 nm,435.8 nm,546.1 nm,577.0 nm 的滤色片,重复以上测量步骤.

五、数 据 处 理

可用以下三种方法之一处理表 6.4 中的实验数据,得出 U_0-ν 直线的斜率 k.

(1) 根据线性回归理论,U_0-ν 直线的斜率 k 的最佳拟合值为

$$k = \frac{\overline{\nu}\cdot\overline{U_0} - \overline{\nu\cdot U_0}}{\overline{\nu}^2 - \overline{\nu^2}}$$

其中

$$\bar{\nu} = \frac{1}{n}\sum_{i=1}^{n}\nu_i$$

表示频率 ν 的平均值，

$$\overline{\nu^2} = \frac{1}{n}\sum_{i=1}^{n}\nu_i^2$$

表示频率 ν 的平方的平均值，

$$\overline{U_0} = \frac{1}{n}\sum_{i=1}^{n}U_0$$

表示截止电压 U_0 的平均值，

$$\overline{\nu \cdot U_0} = \frac{1}{n}\sum_{i=1}^{n}\nu_i \cdot U_0$$

表示频率 ν 与截止电压 U_0 的乘积的平均值.

（2）根据

$$k = \frac{\Delta U_0}{\Delta \nu} = \frac{U_{0i} - U_{0j}}{\nu_i - \nu_j}$$

可用逐差法从表 6.4 的后四组数据中求出两个，将其平均值作为所求 k 的数值.

（3）可用表 6.4 数据在坐标纸上作 U_0-ν 直线，由图求出直线斜率 k.

求出直线斜率 k 后，可用 $h=ek$ 求出普朗克常数，并与 h 的公认值 h_0 比较求出相对误差

$$E = \frac{h - h_0}{h_0} \times 100\%$$

式中，$e=1.602\times10^{-19}$ C；$h_0=6.626\times10^{-34}$ J·s.

六、注意事项

（1）仪器需要预热 20～30 分钟.

（2）在实验中应确定零极谱位置，观测微分筒的"0"要与固定套筒上的"0"位线重合，可能发生的零位偏差，实验中应予以修正.

（3）测微螺杆位移 0.01 nm，恰好对应波长为 1 nm. 逆时针转动微分筒，波长向长波方向移动，波长增大；反之，波长减小.

（4）调节测量放大器的零点，在测量光电管的伏安特性及其有关实验的过程中，电流表的零位一旦调好，千万不能再动此钮.

（5）电流表的倍率选择一般在 10^{-10} A 挡，使微安表的指示值在 30%～100% 内，如超过满刻度可调整入射狭缝，尽量在测量某一波长的光电流曲线时，不变更倍率.

　　(6) 本实验的关键是较准确合理地找到选定波长的入射光的截止电压,真正的截止电压在实测曲线的斜直线部分与曲线部分的相接处,因此,需用最小二乘法处理数据.

七、思考题

　　(1) 何谓光电效应? 如果一种物质逸出功为 2.0 eV,那么它做成光电管阴极时能探测的波长红限是多少?

　　(2) 光电子的能量大小随光强变化吗?

　　(3) 光电管的反向电流是如何产生的?

　　(4) 光电管的暗电流和本底电流是如何产生的? 如何消除它们的影响?

八、背景资料

　　普朗克常数记为 h,是一个物理常数,用以描述量子大小,在量子力学中占有重要的地位. 马克斯·普朗克在 1900 年研究物体热辐射的规律时发现,只有假定电磁波的发射和吸收不是连续的,而是一份一份地进行的,计算结果才能和实验结果相符. 这样的一份能量叫作能量子,每一份能量子等于 $h\nu$,ν 为辐射电磁波的频率,h 为一常量,叫作普朗克常数. 普朗克常数的值约为 6.626196×10^{-34} J·s.

　　普朗克常数的物理单位为能量乘以时间,也可视为动量乘以位移量. 牛顿(N)·米(m)·秒(s)为角动量单位.

　　由于计算角动量时要常用到 $h/2\pi$ 这个数,为避免反复写 2π 这个数,因此引用另一个常用的量约化普朗克常数,有时称为狄拉克常数,以纪念保罗·狄拉克. $\hbar = h/2\pi$.

　　约化普朗克常量(又称合理化普朗克常量)是角动量的最小衡量单位. 其中 π 为圆周率常数,念为"h-bar".

　　普朗克常数用以描述量子化微观下的粒子,例如电子及光子,在一确定的物理性质下具有一连续范围内的可能数值. 例如,一束具有固定频率 ν 的光,其能量 E 可为 $E = h\nu$.

　　有时使用角频率 $\omega = 2\pi\nu$.

　　许多物理量可以量子化,譬如角动量量子化. J 为一个具有旋转不变量的系统全部的角动量,J_z 为沿某特定方向上所测得的角动量,因此,可称为"角动量量子".

　　普朗克常数也使用于海森堡不确定原理. 在位移测量上的不确定量(标准差)Δx 和同方向在动量测量上的不确定量 Δp 有如下关系:

$$\Delta p = h \Delta x$$

还有其他组物理测量依循这样的关系,例如能量和时间.

　　普朗克最早研究的内容是关于物体热辐射的规律,即关于一定温度的物体发出的热辐射在不同频率上的能量分布规律.在一次物理学会议上,普朗克首先报告了他在两个月前发现的辐射定律,这一定律与最新的实验结果精确符合(后来人们称此定律为普朗克定律).然后,普朗克指出,为了推导出这一定律,必须假设在光波的发射和吸收过程中,物体的能量变化是不连续的,或者说,物体通过分立的跳跃非连续地改变它们的能量,能量值只能取某个最小能量元的整数倍.为此,普朗克还引入了一个新的自然常数 $h = 6.626196 \times 10^{-34}$ J・s(即 6.626196×10^{-27} erg・s,因为 1 erg $= 10^{-7}$ J).这一假设后来被称为能量量子化假设,其中最小能量元被称为能量量子,而常数 h 被称为普朗克常数.

　　于是,在一次普通的物理学会议上,普朗克首次指出了热辐射过程中能量变化的非连续性.今天我们知道,普朗克所提出的能量量子化假设是一个划时代的发现,能量子的存在打破了一切自然过程都是连续的经典定论,第一次向人们揭示了自然的非连续本性.普朗克的发现使神秘的量子出现在人们的面前,它让物理学家们既兴奋,又烦恼,直到今天.

　　物体通过分立的跳跃非连续地改变它们的能量,但是,怎么会这样呢? 物体能量的变化怎么会是非连续的呢? 根据我们熟悉的经典理论,任何过程的能量变化都是连续的,而且光从光源中也是连续地、不间断地发射出来的.

　　没有人愿意接受一个解释不通的假设,尤其是严肃的科学家.因此,即使普朗克为了说明物体热辐射的规律被迫假设能量量子的存在,但他内心却无法容忍这样一个近乎荒谬的假设.他需要理解它,就像人们理解牛顿力学那样.于是,在能量量子化假设提出之后的十余年里,普朗克本人一直试图利用经典的连续概念来解释辐射能量的不连续性,但最终归于失败.1931 年,普朗克在给好友伍德(Wood)的信中真实地回顾了他发现量子的不情愿历程,他写道:"简单地说,我可以把这整个的步骤描述成一种孤注一掷的行动,因为我在天性上是平和的,反对可疑的冒险,然而我已经和辐射与物质之间的平衡问题斗争了六年而没有得到任何成功的结果.我明白,这个问题在物理学中是有根本重要性的,而且我也知道了描述正常谱中的能量分布的公式,因此就必须不惜任何代价来找出它的一种理论诠释,不管那代价有多高."

　　1919 年,索末菲在他的《原子构造和光谱线》一书中最早将 1900 年 12 月 14 日称为"量子理论的诞辰",后来的科学史学家将这一天定为量子的诞生日.

　　普朗克曾经说过一句关于科学真理的真理,它可以叙述为"一个新的科学真理取得胜利并不是通过让它的反对者们信服并看到真理的光明,而是通过这些反对者们最终死去,熟悉它的新一代成长起来".这一断言被称为普朗克科学定律,并广为流传.

实验四   弗兰克-赫兹实验

1914 年,弗兰克和赫兹在研究中发现电子与原子发生非弹性碰撞时能量的转移是量子化的.他们的精确测定表明,电子与汞原子碰撞时,电子损失的能量严格地保持在 4.9 eV,即汞原子只接收 4.9 eV 的能量.

这个事实直接证明了汞原子具有玻尔所设想的那种"完全确定的、互相分立的能量状态",是玻尔的原子量子化模型的第一个决定性的证据.由于他们的工作对原子物理学的发展起了重要作用,他们共同获得 1925 年的诺贝尔物理学奖.

在本实验中可观测到电子与汞蒸汽原子碰撞时能量转移的量子化现象,可测量氩原子的第一激发电位,从而加深对原子能级概念的理解.

一、实验目的

(1) 测量氩原子的第一激发电位,证明原子能级的存在.
(2) 掌握弗兰克-赫兹实验仪器的使用方法和实验方法.
(3) 研究原子能级的量子特性.

二、实验仪器

本套装置 DH4507 智能弗兰克-赫兹实验仪由测试架、F-H 管电源组、扫描电源、微电流放大器、F-H 管和温控装置组成,如图 6.13 所示.

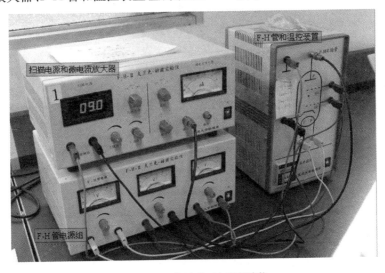

图 6.13   弗兰克-赫兹实验仪

三、实验原理

根据玻尔的原子理论可知:

(1) 原子只能较长地停留在一些稳定状态(简称为定态).原子在这些状态时,不发射或吸收能量.各定态有一定的能量,其数值是彼此分隔的.原子的能量不论通过什么方式发生改变,它只能从一个定态跃迁到另一个定态.

(2) 原子从一个定态跃迁到另一个定态而发射或吸收辐时,辐射频率是一定的.如果用 E_m 和 E_n 分别代表两定态的能量的话,辐射的频率 ν 决定于如下关系:

$$h\nu = E_m - E_n \tag{6-23}$$

式中,普朗克常数 $h = 6.63 \times 10^{-34}$ J·S. 为了使原子从低能级向高能级跃迁,可以使具有一定能量的电子与原子相碰撞进行能量交换.

设初速度为零的电子在电位差为 U_0 的加速电场作用下,获得能量 eU_0. 当具有这种能量的电子与稀薄气体的原子(比如十几个托的氩原子)发生碰撞时,就会发生能量交换.如以 E_1 代表氩原子的基态能量,E_2 代表氩原子的第一激发态能量,那么当氩原子吸收从电子传递来的能量恰好为

$$eU_0 = E_2 - E_1 \tag{6-24}$$

时,氩原子就会从基态跃迁到第一激发态,相应的电位差称为氩的第一激发电位(或称氩的中肯电位).测定出这个电位差 U_0,就可以根据式(6-24)求出氩原子的基态和第一激发态之间的能量差(其他元素气体原子的第一激发电位亦可依此法求得).

弗兰克-赫兹实验的原理图如图 6.14 所示.在充氩的弗兰克-赫兹管中,电子由热阴极发出,阴极 K 和第二栅极 G_2 之间的加速电压 U_{G_2K} 使电子加速.在板极 A 和第二栅极 G_2 之间加有反向拒斥电压 U_{G_2A}. 管内空间电位分布如图 6.15 所示,当电子通过 G_2K 空间进入 G_2A 空间时,如果有较大的能量(大于或等于 eU_{G_2A}),就能冲过反向拒斥电场到达板极形成板极电流,为微电流计 μA 表检出.如果电子在 G_2K 空间与氩原子碰撞,把自己一部分能量传给氩原子而使后者激发的话,电子本身所剩余的能量就很小,以致通过第二栅极后已不足于克服拒斥电场而被折回到第二栅极,这时,通过微电流计 μA 表的电流将显著减小.

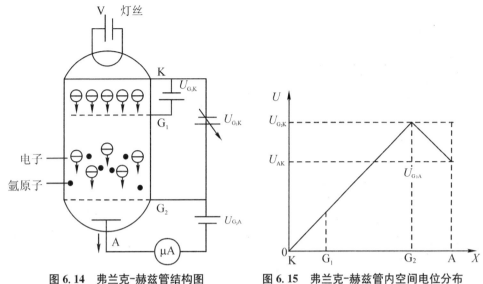

图 6.14　弗兰克-赫兹管结构图　　图 6.15　弗兰克-赫兹管内空间电位分布

实验时,使 U_{G_2K} 电压逐渐增加并仔细观察电流计的电流指示,如果原子能级确实存在,而且基态和第一激发态之间有确定的能量差,就能观察到如图 6.16 所示的 I_A-U_{G_2K} 曲线.图 6.16 所示的曲线反映了氩原子在 G_2K 空间与电子进行能量交换的情况.当 G_2K 空间电压逐渐增加时,电子在 G_2K 空间被加速而取得越来越大的能量.在起始阶段,由于电压较低,电子的能量较少,即使在运动过程中它与原子相碰撞也只有微小的能量交换(为弹性碰撞).穿过第二栅极的电子所形成的板极电流 I_A 将随第二栅极电压 U_{G_2K} 的增加而增大(如图 6.16 的 Oa 段).当 G_2K 间的电压达到氩原子的第一激发电位 U_0 时,电子在第二栅极附近与氩原子相碰撞,将自己从加速电场中获得的全部能量交给后者,并且使后者从基态激发到第一激发态.而电子本身由于把全部能量给了氩原子,即使穿过了第二栅极也不能克服反向拒斥电场而被折回到第二栅极(被筛选掉),所以板极电流将显著减小(图 6.16 所示 ab 段).随着第二栅极电压的增加,电子的能量也随之增加,在与氩原子相碰撞后还留下足够的能量,可以克服反向拒斥电场而达到板极 A,这时电流又开始上升(bc 段).直到 G_2K 间电压是二倍氩原子的第一激发电位时,电子在 G_2K 间又会因二次碰撞而失去能量,因而又会造成第二次板极电流的下降(cd 段),同理,凡在

$$U_{G_2K} = nU_0 \quad (n = 1,2,3,\cdots) \tag{6-25}$$

的地方板极电流 I_A 都会相应下跌,形成规则起伏变化的 I_A-U_{G_2K} 曲线.而各次板极电流 I_A 下降相对应的阴、栅极电压差 U_n+1-U_n 应该是氩原子的第一激发电位 U_0.

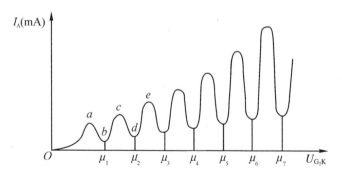

图 6.16 弗兰克-赫兹管的 I_A-U_{G_2K}

本实验就是要通过实际测量来证实原子能级的存在,并测出氩原子的第一激发电位(公认值为 $U_0=11.61$ V).原子处于激发态是不稳定的,在实验中被慢电子轰击到第一激发态的原子要跳回基态,进行这种反跃迁时,就应该有 eU_0 电子伏特的能量发射出来.反跃迁时,原子以放出光量子的形式向外辐射能量.这种光辐射的波长为

$$eU_0 = h\nu = h\frac{c}{\lambda} \tag{6-26}$$

对于氩原子

$$\lambda = \frac{hc}{eU_0} = \frac{6.63 \times 10^{-34} \times 3.00 \times 10^8}{1.6 \times 10^{-19} \times 11.5} \text{ (m)} = 108.1 \text{ (nm)}$$

如果弗兰克-赫兹管中充以其他元素,则可以得到它们的第一激发电位(表 6.5).

表 6.5 几种元素的第一激发电位

元素	纳 (Na)	钾 (K)	锂 (Li)	镁 (Mg)	汞 (Hg)	氦 (He)	氖 (Ne)
U_0(V)	2.12	1.63	1.84	3.2	4.9	21.2	18.6
λ(mm)	589.8 589.6	766.4 769.9	670.78	457.1	250	58.43	64.02

四、实验内容

本实验可采用手动测量法和自动测量法.

(一)手动测量法

(1) 将面板上的四对插座(灯丝电压,第二栅压,第一栅压,拒斥电压)按面板的接线图与电子管测试架上的相应插座用专用接线连好,将"信号输出"及"同步输出"与示波器相连.同时把仪器设置为"手动"工作状态.按"手动/自动"键,"手动"指示灯亮.加电 5 分钟预热.

(2) 设定电流量程(电流量程可参考机箱盖上提供的数据),按下相应电流量程键,对应的量程指示灯点亮.

（3）设定灯丝电压,使其在3.6～3.9 V,一般固定在3.8 V.注意灯丝电压不要超过4.5 V,如表6.6,表6.7所示.

（4）调整第一栅压,使其在2～3 V,一般设定在2.1 V左右.拒斥电压一般设定在5.2 V左右.

上述电压调整好以后,将电压表调整到第二栅压位置,将电子管小心插在插座上（断电后,插上电子管,再开机）.缓慢调节第二栅压（从0～85 V）,步距0.1～0.5 V,记下相应的板极电流 I_A,作出 U_{G_2K}-I_A 曲线.

（5）将拒斥电压增加0.5 V,重复上述各步,作出另一条 U_{G_2K}-I_A 曲线.然后比较上述两条曲线.

（6）求出各峰值所对应的电压值,用逐差法求出氩原子的第一激发电位,并与公认值11.5 V做比较,计算出相对误差,写出结果表达式.

表6.6　灯丝电压

$U_{G_2K}=$		$U_{G_1K}=$		$U_{G_2A}=$		$I=1\,\mu A$	
U_{G_2K}(V)							
$I_A(\times 10^{-7}\text{A})$							
U_{G_2K}(V)							
$I_A(\times 10^{-7}\text{A})$							
U_{G_2K}(V)							
$I_A(\times 10^{-7}\text{A})$							
U_{G_2K}(V)							
$I_A(\times 10^{-7}\text{A})$							
U_{G_2K}(V)							
$I_A(\times 10^{-7}\text{A})$							
U_{G_2K}(V)							
$I_A(\times 10^{-7}\text{A})$							
U_{G_2K}(V)							
$I_A(\times 10^{-7}\text{A})$							

表6.7　灯丝电压

$U_{G_2K}=$	$U_{G_1K}=$		$U_{G_2A}=$		$I=1\,\mu A$
峰数	1	2	3	4	5
V_0(V)					
$I_A(\times 10^{-7}\text{A})$					

（二）自动测量法

智能弗兰克-赫兹实验仪除可以进行手动测试外,还可以进行自动测试.进行自动测试时,实验仪将自动产生 U_{G_2K} 扫描电压,完成整个测试过程.将示波器与实验仪相连,在示波器上可看到弗兰克-赫兹管板极电流随 U_{G_2K} 电压变化的波形.

1. 自动测试状态设置

自动测试时 V_F,U_{G_1K},U_{G_2A} 及电流挡位等状态设置的操作过程,弗兰克-赫兹管的连线操作过程与手动测试操作过程一样.

2. U_{G_2K} 扫描终止电压的设定

进行自动测试时,实验仪将自动产生 U_{G_2K} 扫描电压.实验仪默认 U_{G_2K} 扫描电压的初始值为零,U_{G_2K} 扫描电压大约每 0.4 s 递增 0.2 V,直到扫描终止电压.

要进行自动测试,必须设置电压 U_{G_2K} 的扫描终止电压.将"手动/自动"测试键按下,自动测试指示灯亮;按下 U_{G_2K} 电压源选择键,U_{G_2K} 电压源选择指示灯亮;用↓/↑,←/→键完成 U_{G_2K} 电压值的具体设定.U_{G_2K} 设定终止值建议以不超过 85 V 为好.

3. 自动测试启动

将电压源选为 U_{G_2K},再按面板上的"启动"键,自动测试开始.

在自动测试过程中,观察扫描电压 U_{G_2K} 与弗兰克-赫兹管板极电流的相关变化情况(可通过示波器观察弗兰克-赫兹管板极电流 I_A 随扫描电压 U_{G_2K} 变化的输出波形).在自动测试过程中,为避免面板按键误操作,导致自动测试失败,面板上除"手动/自动"按键外的所有按键都被屏蔽禁止.

4. 自动测试过程正常结束

当扫描电压 U_{G_2K} 的电压值大于设定的测试终止电压值后,实验仪将自动结束本次自动测试过程,进入数据查询工作状态.

测试数据保留在实验仪主机的存储器中,供数据查询过程使用,所以,示波器仍可观测到本次测试数据所形成的波形,直到下次测试开始时才刷新存储器的内容.

5. 自动测试后的数据查询

自动测试过程正常结束后,实验仪进入数据查询工作状态.这时面板按键除测试电流指示区外,其他都已开启.自动测试指示灯亮,电流量程指示灯指示本次测试的电流量程选择挡位;各电压源选择按键可选择各电压源的电压值指示,其中 V_F,U_{G_1K},U_{G_2A} 三电压源只能显示原设定电压值,不能通过按键改变相应的电压值.用↓/↑,←/→键改变电压源 U_{G_2K} 的指示值,就可查阅到在本次测试过程中,电压源 U_{G_2K} 的扫描电压值为当前显示值时,对应的弗兰克-赫兹管板极电流值 I_A 的大小,记录 I_A 的峰、谷值和对应的 U_{G_2K} 值于表 6.8 中.

表 6.8　灯丝电压

$U_{G_2K}=$		$U_{G_1K}=$		$U_{G_2A}=$		$I=1\ \mu A$
峰数	1	2	3	4	5	
V_0(V)						
$I_A(\times10^{-7}\text{A})$						

用逐差法求出其平均值 U_0,并将实验值与氩的第一激发电位 $U_0=11.61$ V 比较,计算相对误差,并写出结果表达式.

6. 中断自动测试过程

在自动测试过程中,只要按下"手动/自动"键,手动测试指示灯亮,实验仪就中断了自动测试过程,原设置的电压状态被清除.所有按键都被再次开启工作.这时可进行下一次的测试准备工作.

本次测试的数据依然保留在实验仪主机的存储器中,直到下次测试开始时才被清除.

7. 结束查询过程,恢复初始状态

当需要结束查询过程时,只要按下"手动/自动"键,手动测试指示灯亮,查询过程结束,面板按键再次全部开启.原设置的电压状态被清除,实验仪存储的测试数据被清除,实验仪恢复到初始状态.

五、注意事项

为保证实验数据的唯一性,U_{G_2K} 电压必须从小到大单向调节,不可在过程中反复;记录完成最后一组数据后,立即将 U_{G_2K} 电压快速归零.

六、思考题

(1) 温度对充汞弗兰克-赫兹管的 I_{G_2A}-U_{G_2K} 曲线有什么影响?

(2) 在定性观察板极电流随加速电压的变化规律时,如果板极电流出现的极大值不明显,应如何调节?

(3) 为什么 I_{G_2A}-U_{G_2K} 曲线上的各谷点电流随 U_{G_2K} 的增大而增大?

(4) 在 I_{G_2A}-U_{G_2K} 曲线上,为什么对应板极电流 I_{G_2K} 第一个峰的加速电压 U_{G_2K} 不等于 4.9 V?

七、背景资料

1924 年,诺贝尔物理学奖授予德国格丁根大学的弗兰克(James Franck,1882~1964 年)和哈雷大学的赫兹(Gustav Hertz,1887~1975 年),以表彰他们发现了原子受电子碰撞的规律.

弗兰克-赫兹实验为能级的存在提供了直接的证据,对玻尔的原子理论是一个有力支持.弗兰克擅长低压气体放电的实验研究.1913 年,他和赫兹在柏林大学合作,研究电离电势和量子理论的关系,用的方法是勒纳德(P. Lenard)创造的反向电压法,由此他们得到了一系列气体,例如氦、氖、氢和氧的电离电势.后来他们又特

地研究了电子和惰性气体的碰撞特性.1914 年,他们取得了意想不到的结果,他们的结论是:

(1) 汞蒸气中的电子与分子进行弹性碰撞,直到取得某一临界速度为止.

(2) 此临界速度可测准到 0.1 V,测得的结果是:这速度相当于电子经过 4.9 V 的加速.

(3) 可以证明 4.9 V 电子束的能量等于波长为 235.6 nm 汞谱线的能量子.

(4) 4.9 V 电子束损失的能量导致汞电离,所以 4.9 V 也许就是汞原子的电离电势.

弗兰克和赫兹的实验装置主要是一只充气三极管.电子从加热的铂丝发射,铂丝外有一同轴圆柱形栅极,电压加于其间,形成加速电场.电子多穿过栅极被外面的圆柱形板极接收,板极电流用电流计测量.当电子管中充以汞蒸气时,他们观测到,每隔 4.9 V 电势差,板极电流都要突降一次.如在管子里充氦气,也会发生类似情况,其临界电势差约为 21 V.

弗兰克和赫兹最初是依据斯塔克的理论,斯塔克认为线光谱产生的原因是原子或分子的电离,光谱频率 ν 与电离电势 V 有如下量子关系:$h\nu=eV$.

弗兰克和赫兹在 1914 年以后有好几年仍然坚持斯塔克的观点,他们相信自己的实验无可辩驳地证实了斯塔克的观点,认为 4.9 V 电势差引起了汞原子的电离.他们也许因为战争期间信息不通,对玻尔的原子理论不甚了解,所以还在论文中表示他们的实验结果不符合玻尔的理论.其实,玻尔在得知弗兰克-赫兹的实验后,早在 1915 年就指出,弗兰克-赫兹实验的 4.9 V 正是他的能级理论中预言的汞原子的第一激发电势.

1919 年,弗兰克和赫兹表示同意玻尔的观点.弗兰克在他的诺贝尔奖领奖词中讲道:"在用电子碰撞方法证明向原子传递的能量是量子的这一科学研究的发展中,我们所做的一部分工作犯了许多错误,走了一些弯路,尽管玻尔理论已为这个领域开辟了笔直的通道.后来我们认识到了玻尔理论的指导意义,一切困难才迎刃而解.我们清楚地知道,我们的工作之所以会获得广泛的承认,是由于它和普朗克,特别是和玻尔的伟大思想和概念有了联系."

弗兰克 1882 年 8 月 26 日出生于汉堡.他在这里上了威廉中学后,在海德堡大学学了一年化学,后来又在柏林大学学物理.在这里,他的主要导师是瓦尔堡和德鲁德(P. Drude).他在瓦尔堡的指导下,1906 年获博士学位.他在法兰克福大学担任助教不久,又返回柏林大学任鲁本斯(H. Rubens)的助教.1911 年,他获得柏林大学物理学大学授课资格,在柏林大学讲课直到 1918 年(由于战争中断了教学,战争中曾获一级铁十字勋章),后成为该大学的物理学副教授.从 1917 年起,他任威廉皇帝物理化学研究所分部主任.1921 年,他受聘为格丁根大学教授,并担任第二实验物理学研究所主任.1933 年,为抗议希特勒反犹太法,弗兰克公开发表声明并辞去教授职务,离开德国去哥本哈根,一年后移居美国,成为美国公民.1935~1938年,他任约翰·霍布金斯大学物理系教授.从1938年起,他任芝加哥大学物理化学教授,直到1949年退休.第二次世界大战期间,他参加了研制原子弹的有关工作,但与大多数科学家一样,他反对对日本使用原子武器.在芝加哥大学期间,弗兰克还担任该校光合作用实验室主任,对各种生物过程,特别是光合作用的物理化学机制进行了研究.

1964年,弗兰克在访问格丁根时于5月21日逝世.

赫兹1887年7月22日出生于汉堡.他是电磁波的发现者H.赫兹的侄子.赫兹在汉堡的约翰尼厄姆学校毕业后,于1906年进入格丁根大学,后来又在慕尼黑大学和柏林大学学习,1911年毕业.1913年,他任柏林大学物理研究所研究助理.由于爆发了第一次世界大战,赫兹于1914年从军,1915年在一次作战中负重伤,1917年回到柏林当校外教师.1920~1925年,赫兹在埃因霍温的菲利普白炽灯厂物理研究室工作.

1925年,赫兹被选为哈雷大学教授和物理研究所所长.1928年,他回到柏林任夏洛腾堡工业大学物理教研室主任.1935年,他由于政治原因辞去了主任职务,又回到工业界,担任西蒙公司研究室主任.1945~1954年,他在苏联工作,领导一个研究室,这期间被任命为莱比锡卡尔·马克思大学物理研究所所长和教授.他于1961年退休,先后在莱比锡和柏林居住.

从研究课题来说,赫兹早年研究的是二氧化碳的红外吸收以及压力和分压的关系.1913年,他和弗兰克一起开始研究电子碰撞.1928年,赫兹回到柏林的第一个任务是重建物理研究所和学校.他为这一目标不停地工作.在此期间,他负责用多级扩散方法分离氖的同位素.

赫兹发表了许多关于电子与原子间能量交换的论文和关于测量电离电势的论文.这些论文有些是单独完成的,有些是和弗兰克、克洛珀斯合作的.他还有一些关于分离同位素的著作.

赫兹是柏林德国科学院院士,1975年在柏林去世.